Yours to Keep
Withdrawn/ABC

06/14/17

P9-DTG-754

keep

Veo una voz

Oliver Sacks

Yours to Keep
Withdrawn/ABCL

Veo una voz

Viaje al mundo de los sordos

Traducción de José Manuel Álvarez Flórez

EDITORIAL ANAGRAMA
BARCELONA

Título de la edición original:
Seeing Voices: A Journey into the World of the Deaf
University of California Press
Berkeley, 1989

Ilustración: © Maria Dorner/plainpicture

Primera edición en «Argumentos»: abril 2003
Primera edición en «Compactos»: enero 2017

Diseño de la colección: Julio Vivas y Estudio A

© De la traducción, José Manuel Álvarez Flórez, 2003

© Oliver Sacks, 1989, 1990

© EDITORIAL ANAGRAMA, S. A., 2003
    Pedró de la Creu, 58
    08034 Barcelona

ISBN: 978-84-339-7816-5
Depósito Legal: B. 24660-2016

Printed in Spain

Liberdúplex, S. L. U., ctra. BV 2249, km 7,4 - Polígono Torrentfondo
08791 Sant Llorenç d'Hortons

*A Su Majestad Doña Sofía, Reina de España,
en agradecimiento a su profundo interés personal
por los sordos españoles*

PRÓLOGO A LA EDICIÓN ESPAÑOLA DE 1994

La situación de los sordos es idéntica, en algunos aspectos, en todo el mundo y totalmente distinta en otros. La sordera congénita se da en todas las razas y países, y así ha sido desde el principio de la historia. Afecta a una milésima parte de la población (unas 40.000 personas en España). Samuel Johnson dijo una vez que la sordera es «una de las calamidades humanas más terribles»; pero la sordera en sí no es ninguna calamidad. Una persona sorda puede ser culta y elocuente, puede casarse, viajar, llevar una vida plena y fructífera, y no considerarse nunca, ni ser considerada, incapacitada ni anormal. Lo crucial (y esto es precisamente lo que varía muchísimo entre los diferentes países y culturas) es nuestro conocimiento de los sordos y nuestra actitud hacia ellos, la comprensión de sus necesidades (y facultades) específicas, el reconocimiento de sus derechos humanos fundamentales: el acceso sin restricciones a un idioma natural y propio, a la enseñanza, el trabajo, la comunidad, la cultura, a una existencia plena e integrada.

La situación de los sordos no es ideal en ningún país, pero en algunos (en Suecia, por ejemplo) las personas sordas pueden al menos servirse de su propio lenguaje de señas libremente y se las instruye con él; pueden crear un teatro,

7

una poesía, una cultura completa, a partir de él; no sólo pueden formar una comunidad y una cultura viva propias, sino también tener una elevada participación en la cultura general de su entorno, sentirse a gusto en ella; pueden tener muchos amigos oyentes, tantos como sordos; y pueden disfrutar de una sensación de plenitud, de autonomía, de tener un lugar en el mundo, y de propia dignidad. En el otro extremo, en otros países y otras épocas, se ha tratado a los sordos como parias y proscritos: privados de trabajo, de instrucción, hasta de lenguaje, se vieron reducidos a una situación casi infrahumana. España (como la mayoría de los países) se halla en una posición intermedia.

España ha demostrado siempre una sensibilidad humana hacia sus ciudadanos sordos y fue precisamente el país en el que, hace casi quinientos años, el monje benedictino Pedro Ponce de León fuera el primero en dedicarse a la enseñanza de los sordos. «[Tuve] discípulos que eran sordos y mudos de nacimiento, hijos de grandes señores é personas principales, a quienes enseñé a hablar, y leer, y escribir, y contar, y a rezar, y ayudar a misa y saber la doctrina cristiana, y saberse por palabra confesar, é algunos latín, é algunos latín y griego, y [a uno incluso] enender la lengua italiana...» Ponce de León resumió la experiencia de toda la vida en el libro *Doctrina para los mudos sordos,* cuyo manuscrito no se ha encontrado y que probablemente se perdió o fue destruido en el siglo XIX. Pero la personalidad de este primer maestro de los sordos sigue reverenciándose hoy en España y su retrato cuelga, como un icono, en casi todos los centros para sordos del país.

El método de enseñanza de Ponce de León era predominantemente oral (se basaba sobre todo en la lectura de los labios, con algo de deletreo dactilar y algunas señas). Este método, que exige miles de horas de instrucción intensiva, pródigo en tiempo y dinero, aunque quizás fuera perfecto para los hijos ociosos y ricos de los nobles, difícilmente podría aplicarse a las personas sordas en general, a los cientos y miles de niños sordos de París, Madrid, Londres, Viena y demás ciudades europeas. Éstos no tuvieron la menor posibilidad de instrucción hasta que se adoptó un enfoque completamente distinto: hasta que los maestros aprendieron el lenguaje de señas de los sordos y lo emplearon para conversar con ellos y enseñarles. El primero que hizo esto, en la década de 1750, fue el abate De l'Epée, y la primera escuela para sordos con capacidad para enseñar a cientos de alumnos empleando el lenguaje de señas se fundó en París en 1755.[1]

La situación de los sordos cambió radicalmente, pues la alfabetización y el estudio dejaron de ser privilegio exclusivo de los hijos de los nobles y pasaron a ser accesibles a todos los niños sordos. Alumnos y discípulos de De l'Epée se esparcieron por Europa y fundaron escuelas para sordos en todas partes, centros en los que se utilizaba el lenguaje de señas para toda la enseñanza y cuyos profesores eran en muchos casos sordos (y ejemplos para sus jóvenes alumnos de hasta dónde podían las personas sordas). Uno de estos discípulos, José Miguel Alea, que visitó a De l'Epée en sus últimos años, fundó el primer colegio de señas para sordos de España (el Colegio Real de Sordomudos) en Madrid en el año 1805.[2] En los primeros tiem-

1. Aunque el método de Ponce de León nunca se publicó, sus contemporáneos españoles lo conocieron bien y lo difundieron, sobre todo Juan Pablo Bonet (que en 1620 publicó el primer libro del mundo sobre la enseñanza de los sordos). Todo esto se olvidó en gran parte en las últimas décadas del siglo XVIII, cuando Europa centró su atención en el abate De l'Epée y su método de enseñanza para sordos, que empleaba el lenguaje de señas. Los escritores españoles (en especial Juan Andrés Morrell) lo lamentaron, criticaron al abate «advenedizo» y se esforzaron por recordar a sus lectores que la enseñanza de los sordos era «un arte totalmente español» (Morrell, 1794).

2. En 1792 se creó un aula para estudiantes sordos en San Fernando, y en 1800 un colegio para sordos en Barcelona; pero ninguno de los

pos de este colegio hubo dos grandes maestros: Roberto Francisco Prádez, que era sordo, y Francisco Fernández Villabrille, quien publicó muchos libros (entre ellos, en 1851, un diccionario de lenguaje de señas, que incluye 1.547 señas españolas) e inventó un método de escritura del lenguaje de señas.

Esta breve edad de oro de escolarización extensa y eficaz para los sordos, y de formación y enseñanza amplias, duró escasamente tres cuartos de siglo; le puso fin el infame decreto del Congreso Internacional de Educadores de Sordos celebrado en Milán en 1880, que prohibió el uso del lenguaje de señas en la enseñanza. Así, los colegios de señas de España y del resto de Europa y América se clausuraron o se transformaron; dejó de haber profesores sordos; se impidió o castigó la comunicación por señas incluso fuera de las aulas; y se impuso un oralismo dogmático y rígido. Al cabo de una o dos décadas se perdió lo que se había conseguido en los setenta y cinco años anteriores: el nivel de formación y enseñanza de las personas sordas cayó en picado. Su propio sentido de ser un pueblo, con lengua e identidad propias, desapareció y se vieron reducidos de nuevo a una vida de incompetencia y marginación, aislados, con escasa capacidad para comunicarse y condenados a realizar trabajos serviles. Solamente cuando podían reunirse en centros propios encontraban los sordos calor humano, camaradería, conversación, relación social, un uso libre de su lenguaje natural y propio, sensación de estar en su medio, identidad y comunidad.

Estas asociaciones florecieron tras la decisión de Milán de 1880, pudiendo ufanarse cada ciudad de contar al menos con una. El centro para sordos más grande de Madrid, la Asociación de Sordos de Madrid, se inauguró en 1906.

---

dos sobrevivió más allá de 1802. El colegio de Madrid, por el contrario, aún sigue funcionando, aunque con un método exclusivamente oral que habría indignado a sus fundadores.

Las asociaciones de sordos son aún, y por las mismas razones, numerosas y activas en España. Hay unos ochenta y tres centros según el último censo, con unas 20.000 personas sordas en total; la asociación de Madrid cuenta con unos 1.030 socios. Y treinta y cinco de estos centros tienen compañías teatrales propias que representan una gran variedad de obras de teatro clásicas y locales en lenguaje de señas español. La variedad y el vigor peculiar del teatro de señas (que los sordos estiman en todas partes) son especialmente notorios en España, donde miles de sordos hallan en él su expresión más fecunda. Las asociaciones españolas de sordos están integradas en una asociación de ámbito nacional, la Confederación Nacional de Sordos de España, que patrocina todos los años una Semana de Teatro en Madrid, Barcelona, Granada o donde sea, en la que más de mil personas sordas se reúnen en un gran festival de improvisaciones, narraciones, poesía de señas y teatro. La Confederación Nacional de Sordos de España publica asimismo una excelente revista mensual, *Faro del Silencio,* y facilita una amplia gama de vídeos (desde cintas de poesía de señas, teatro de señas, mimo y danza, hasta cintas de conferencias sobre el mundo cultural de los sordos y el lenguaje de señas, traducciones al lenguaje de señas de noticias de actualidad, novelas, y numerosos libros de ensayo y divulgación). De esta forma, hasta las personas sordas que no leen con facilidad pueden informarse tanto sobre su propia cultura como sobre la más amplia del entorno.

Y sin embargo, pese a toda esta vida propia de los sordos (el lenguaje, la comunidad, el humor, la cultura, que surge de lo profundo de su propia experiencia como sordos), aún persiste la postura oficial tradicional de que las personas sordas han de recibir enseñanza oral y de que, pese a todo, apenas son aptas para una vida normal. Ése fue el caso incluso de don Jaime de Borbón, duque de Segovia, hijo de Alfonso XIII (y tío del rey don Juan Carlos), que nació sordo y renunció al trono en 1933 pero que, si el criterio imperante hubiera sido otro, podría haber sido el primer rey sordo de España. Don Jaime recibió enseñanza oral y llevó una vida bastante retirada; fue su hermano, don Juan de Borbón, que era oyente, quien asumió el derecho de sucesión.[3]

Era inevitable que la visión oficial de los sordos como personas incapacitadas influyese de modo negativo en su propia valoración de sí mismos, que les hiciese considerarse ciudadanos de segunda, incapacitados, desvalidos, sin representación, sin poder, incluso sin lenguaje propio. Los sordos, claro está, aceptaron a menudo el criterio oficial de que su lenguaje de señas ni siquiera era un lenguaje propiamente dicho, que no podía ponerse al mismo nivel del habla. Estas actitudes fueron características de las personas sordas en todas partes hasta que en la década de 1960 (y especialmente en Estados Unidos) empezaron a cambiar. En ese período hubo en Estados Unidos una reivindicación de la Seña como un auténtico lenguaje y una explosión de movimientos de defensa de las libertades civiles de todo tipo. En la década de 1970 se formaron grupos de «orgullo sordo», y proliferaron los libros, las obras teatrales, las películas y los programas televisivos en los que se daba una nueva visión positiva de los sordos y de su lenguaje (la obra más famosa fue *Hijos de un dios menor,* primero obra teatral en Broadway, después película); la introducción de algunas señas (en forma de «Comunicación Total») en los colegios; el acceso de un número cada vez mayor de sordos a la universidad; la aparición de una élite sorda muy instruida, con conciencia política y a veces militante. Por último, en 1988, se produjo la «revolución de los sordos» en la Universidad Ga-

3. Uno de los hijos de don Jaime, don Alfonso, sería posteriormente presidente honorífico de la Confederación Nacional de Sordos de España.

llaudet de Washington y al año siguiente se celebró en dicha ciudad el gran festival internacional de los sordos, Deaf Way.

Pero mientras en el resto del mundo ha ido creciendo la conciencia de la cultura sorda, España se ha mantenido al margen de la comunidad sorda mundial en formación y casi del todo ajena a los apasionantes acontecimientos que se han producido en otros lugares. Cuando en 1982 Álvaro Marchesi Ullastres, psicólogo de la Universidad Complutense de Madrid, habló a sus colegas en Salamanca sobre la autonomía lingüística del lenguaje de señas español, se le consideró un excéntrico (como a Stokoe en los Estados Unidos en la década de 1960). Marchesi fue la primera persona del mundo académico oyente español que destacó la importancia del lenguaje de señas en la enseñanza de los sordos; pero sus colegas se mostraron incrédulos y sorprendidos cuando expuso esta teoría por primera vez. Marchesi siguió realizando investigaciones generales sobre el desarrollo intelectual de los niños sordos y sobre la importancia crucial de que tengan acceso al lenguaje (y, como es natural, sobre todo a un idioma visual, a un idioma de señas) en la etapa más temprana posible.

En 1984, impulsado por su propia obra y por sus convicciones, Marchesi renunció a su puesto en la Universidad Complutense para hacerse cargo del Departamento de Enseñanza Especial del Ministerio Nacional de Educación y Ciencia, y dos años después fue nombrado director general de Renovación Pedagógica, cargo en el que ha podido ejercer una influencia importante en el curso de la enseñanza de los sordos en España.

En 1986, a petición del Ministerio de Educación y Ciencia, un Real Decreto dispuso que se diese acceso a las personas incapacitadas, confinadas previamente en centros de enseñanza especiales, a los centros de enseñanza generales, y se permitiese la integración de las enseñanzas general y especial. Se habían aprobado leyes similares en los Estados Unidos, en

Inglaterra y en muchos otros países, pero sin la condición previa de dotar adecuadamente los centros de enseñanza generales para sus nuevos alumnos. Esto llevó a la práctica de colocar a uno o dos niños sordos en un centro escolar de oyentes sin equipamiento especial para ellos, con la esperanza de que, por algún milagro, todo resultara bien. El método ha resultado desastroso y ha perjudicado a los niños sordos, sumiéndoles en un mayor aislamiento e impidiéndoles estudiar e integrarse.

Es evidente que hace falta un sistema distinto, un sistema que aúne las ventajas de los centros especiales y los integrados y evite al mismo tiempo los inconvenientes de ambos. Marchesi se anticipó rápidamente a esto abogando por la escolarización de los niños sordos no en colegios generales de uno en uno o de dos en dos, sino en determinados centros elegidos y equipados con sistemas visuales especiales y, por supuesto, con profesores que dominen el lenguaje de señas. Es de esperar que esto les permita no sólo relacionarse entre ellos y comunicarse por señas y aprender con más facilidad en su lenguaje natural, sino, lo que es igualmente importante, relacionarse con niños oyentes (que en esas circunstancias aprenderían también el lenguaje de señas). Un sistema de este tipo, que sólo se ha adoptado en España, puede integrar en principio lo mejor de los centros de enseñanza generales y especiales. Así pues, en esta etapa, asistimos al inicio de una revolución educativa en España, revolución que está empezando a devolver el lenguaje de señas al lugar que le corresponde y a preparar el camino para una enseñanza verdaderamente bilingüe, con la que se conseguiría que los niños sordos se sintieran igualmente cómodos comunicándose en señas y en español, igual de cómodos en el mundo sordo que en la cultura más amplia de su entorno general.[4]

4. Esta enseñanza bilingüe y bicultural de los niños sordos es todavía cosa excepcional, pero se ha implantado en Suecia y Dinamarca (donde

Hace falta tiempo y mucho más para alcanzar el desarrollo pleno y la aceptación de una enseñanza integrada bicultural, y el reconocimiento oficial de la Seña española como lenguaje natural de los sordos de España. Es preciso también, e importantísimo, el reconocimiento y la titulación de intérpretes de señas, en la actualidad muy escasos y mal pagados. Se necesitan sobre todo intérpretes para los estudiantes sordos de las universidades (en Estados Unidos todo estudiante sordo tiene derecho a que le traduzcan cualquier clase que deba recibir; esto aún no existe en España). Quizás sea ésta una de las razones de que haya tan pocas personas sordas en España, incluso entre las más dotadas, que puedan acceder a la enseñanza superior. Y ésta es la clave para el acceso de los sordos al mundo profesional, para que no sigan relegados a trabajos serviles por muy inteligentes que sean. En Estados Unidos hay más de seiscientos sordos profundos con doctorados y títulos superiores; hay abogados sordos, arquitectos, diseñadores, ingenieros, actores, matemáticos, lingüistas y escritores. En España apenas hay profesionales sordos en estos campos, aunque, con los cambios de política oficial y educacional, y la nueva conciencia pública, los sordos de España se abrirán camino y serán espléndidamente productivos a su manera única.

Un campo concreto que requiere especialistas sordos es el de la lingüística de la Seña. Algunos de los avances más importantes alcanzados en Estados Unidos se deben a lingüistas sordos, cuya primera lengua es la Seña. Pero en España, de momento, casi no hay lingüistas de la Seña y mucho

---

se admite oficialmente la Seña como idioma natural de los sordos), y en Venezuela y Uruguay. De hecho es notable que el ensayo innovador sobre este tema (de Johnson, Liddell y Erting, 1989) se haya traducido al español, con lo que los educadores españoles tienen libre acceso a esta obra tan reciente.

menos lingüistas que la utilicen como primera lengua o que sean sordos. Y en el campo de los estudios pedagógicos y cognitivos, en el que Marchesi se adelantó, se precisa mucha investigación que sería ideal que la realizaran investigadores sordos. Otro tanto puede decirse del campo de la sociolingüística: el estudio de las comunidades sordas, su lenguaje, sus costumbres y su cultura, y su interacción con la comunidad oyente.

Además de todo esto, es absolutamente imprescindible un cambio de imagen, de conciencia, no sólo respecto a los sordos sino de sí mismos. María Jesús Serna Serna, una joven sorda, y uno de los poquísimos sordos profundos españoles con formación universitaria, dice: «En general los sordos no se sienten cómodos como tales. No tienen ni identidad sorda, ni orgullo como sordos. Ni siquiera creen que la seña sea un idioma propiamente dicho.» Ella misma, que se cuenta entre los jóvenes sordos españoles de mayor nivel cultural, no conoció la obra de Stokoe y Bellugi, los grandes adelantados en la lingüística de la Seña, ni los grandes cambios producidos en Estados Unidos, hasta hace dos años, cuando un artista español sordo volvió con noticias del Deaf Way.[5] (Aunque asistieron sordos de ochenta países en 1989, y estuvieron presentes numerosos grupos de, por ejemplo, Finlandia y Francia, e incluso de la Unión Soviética, sólo asistieron cuatro personas sordas de España.) Como indica Serna, España sigue estando muy aislada, no cuenta con información de Estados Unidos ni del resto del mundo. Sólo en los últimos tres o cuatro años ha habido contacto de los sordos de España con

5. Este artista, Gregorio J. Arrabal, presentó un informe detallado y conmovedor sobre su infancia como sordo y su vida posterior como artista sordo cada vez más prestigioso en España. Su ponencia se publicará, junto con otras muchas presentadas en Deaf Way, en un volumen que prepara la Gallaudet University Press de Washington, D.C.

los de otros países, para informarse sobre su lenguaje, su cultura y su vida. Serna espera con interés el congreso que se celebrará en mayo de 1992 en Salamanca, y que reunirá por primera vez a personas sordas y lingüistas de la Seña de todo el mundo.

Existe un sentimiento general de emoción, de transición, de esperanza. Estamos en un período crucial para los sordos de España y de todo el mundo. Han estado infravalorados, desvalidos y sumergidos durante un siglo, pero hoy existe la posibilidad de un cambio radical. De todos modos, la mayoría de los oyentes ignoran por completo a los sordos, como me sucedía a mí hace sólo unos años. Ésta es, precisamente, una de las razones por las que escribí *Veo una voz* y este prólogo especial a la edición española.

O. W. S.
Madrid, enero de 1992

NOTA DE AGRADECIMIENTO

Recibí una gran ayuda, durante mi estancia en España, de Marian Valmaseda, del Ministerio de Educación y Ciencia; de Félix-Jesús Pinedo Peydró, presidente de la Confederación Nacional de Sordos de España, y de su ayudante Esther de los Santos; de Felipe Aroca, director del Colegio Hispanoamericano; de Juan Fuentes Roldán, presidente de la Asociación de Sordos de Santa María de la Cabeza; y de María Jesús Serna Serna y Andrés Rodríguez.

También me ayudaron mucho colegas de otros lugares, sobre todo Carol Erting, Harlan Lane y Susan Plann en Estados Unidos, y Serena Corazza, Anna Folchi y Virginia Volterra en Italia.

Quiero dar las gracias, por último, muy especialmente, a Su Majestad Doña Sofía, Reina de España, quien me animó en mi primera visita a que volviera y estudiara la situación del pueblo sordo de su país y escribiera sobre ello. En consideración al estímulo de Su Majestad y a su gran interés personal por los sordos de España, le dedico esta edición española de *Veo una voz*.

BIBLIOGRAFÍA

Bonet, Juan Pablo: *Reducción de las letras y arte de enseñar a hablar a los mudos,* Francisco Abarca de Angulo, Madrid, 1620.

Johnson, Robert E., Scott K. Liddell y Carol J. Erting: «Desvelando los programas: Principios para un mayor logro en la educación del sordo», en *El aura del sordo,* Lourdes Pietrosemoli, ed., Universidad de Los Andes, Mérida (Venezuela), 1989.

Marchesi, Álvaro: *El desarrollo cognitivo y lingüístico de los niños sordos,* Alianza, Madrid, 1987.

Pann, Susan: «Roberto Francisco Prádez: Spain's First Deafteacher of the Deaf», en *Looking Back: A Reader on the Histories of Deaf Communities and their Languages,* Renate Fischer y Harlan Lane, eds., Signum, Hamburgo, 1992.

Rodríguez González, María Ángeles: «Francisco Fernández Villabrille (1811-1864)», en *Looking Back: A Reader on the Histories of Deaf Communities and their Languages,* Renate Fischer y Harlan Lane, eds., Signum, Hamburgo, 1992.

Para Isabelle Rapin, Bob Johnson,
Bob Silvers y Kate Edgar

[El lenguaje de señas] es, en manos de quienes lo dominan, un lenguaje sumamente bello y expresivo, para el que ni la naturaleza ni el arte han procurado a los sordos sustituto satisfactorio en sus relaciones mutuas; es también el medio fácil y rápido de llegar a sus mentes.

Los que no lo entienden no pueden comprender las posibilidades que proporciona a los sordos, el poderoso influjo que ejerce en la felicidad social y moral de las personas privadas de audición, ni su capacidad asombrosa para transmitir el pensamiento a inteligencias que sin él se hallarían en una oscuridad perpetua. Tampoco pueden apreciar la importancia que tiene para los sordos. Mientras haya dos personas sordas en la superficie del planeta y se encuentren, se usarán señas.

J. SCHUYLER LONG,
director, Iowa School for the Deaf,
The Sign Language (1910)

Fotos estroboscópicas de las señas de ameslán «juntar» e «informar». (Reimpreso con permiso de *The Signs of Language,* E. S. Klima & U. Bellugi. Harvard University Press, 1979.)

PREFACIO

Hace tres años no sabía nada de la situación de los sordos ni había pensado jamás que pudiese aportar luz a tantos campos, y sobre todo al del lenguaje. Cuando empecé a informarme sobre la historia de los sordos y sobre los extraordinarios retos (lingüísticos) a que se enfrentan quedé asombrado, y me asombré igualmente cuando empecé a estudiar un lenguaje completamente visual, la Seña, un lenguaje diferente en la forma de mi propio lenguaje, el Habla. Es muy fácil considerar el idioma, el propio idioma, algo natural que se da por sentado; tal vez sea preciso enfrentarse a otro lenguaje, o más bien a otra forma de lenguaje, para sorprenderse, para que el asombro nos invada.

Cuando empecé a leer acerca de las personas sordas y sobre su peculiar forma de lenguaje, la Seña, sentí el impulso de iniciar una exploración, un viaje. Este viaje me llevó a los sordos y sus familias; a las escuelas para sordos y a Gallaudet, la única universidad para sordos del mundo; me llevó a Martha's Vineyard, donde existía una sordera hereditaria y donde todo el mundo (oyentes y sordos) hablaba por señas; me llevó a pueblos como Fremont y Rochester, donde existe una notable interconexión de comunidades sordas y oyentes. Me llevó a los grandes investigadores del lenguaje de señas y de la condición de los sordos, investigadores inteligentes y apasionados que me transmitieron su emoción, su sensación de regiones inexploradas y de nuevas fronteras.[1] Mi viaje me llevó también a analizar el lenguaje, la naturaleza del habla y de la enseñanza, el desarrollo del niño, el desarrollo y el funcionamiento del sistema nervioso, la formación de comunidades, mundos y culturas, de un modo completamente nuevo para mí y que ha constituido un aprendizaje y un gozo. Me proporcionó, ante todo, un punto de vista completamente nuevo de problemas seculares, un enfoque nuevo e inesperado del lenguaje, la biología y la cultura..., me hizo considerar extraño lo familiar y familiar lo extraño.

Mis viajes me dejaron subyugado y asombrado a la vez. Fue una sorpresa comprobar el gran número de personas sordas que nunca llegan a aprender a expresarse bien (ni a pensar bien) y la existencia desdichada que les aguarda.

Pero me percaté, casi inmediatamente, de otra dimensión, de otro mundo de consideraciones, no biológicas sino culturales. Muchas personas sordas que conocí no sólo habían aprendido a expresarse bien sino a hacerlo en un lenguaje completamente distinto, un lenguaje que no sólo servía a las facultades del pensamiento (y que permitía en realidad un tipo de percepción que los oyentes no pueden imaginar del todo), sino que servía de medio a una comunidad y una cultura de gran vitalidad. Aunque nunca olvidé la condición «médica» de los sordos, tuve que pasar a verles con un enfo-

1. Aunque el término «seña» se utiliza habitualmente para indicar el Lenguaje de Señas Estadounidense o ameslán (American Sign Language), yo lo utilizo en este libro para referirme a todos los lenguajes de señas naturales, actuales y antiguos (por ejemplo el ameslán, el lenguaje de señas francés, el lenguaje de señas chino, el lenguaje de señas yiddish). Pero no incluye las versiones por señas de lenguajes hablados (por ejemplo, el inglés por señas), que son meras transliteraciones y carecen de la estructura de los lenguajes de señas auténticos.

que nuevo, «étnico», como un pueblo con un lenguaje diferenciado, con una sensibilidad y una cultura propias.[2]

La historia y el estudio de los sordos y de su lenguaje puede parecer algo de interés muy limitado. Pero yo no creo en absoluto que lo sea. Aunque los sordos congénitos sólo constituyen un 0,1 por ciento de la población, las reflexiones que plantea ese 0,1 por ciento son importantes, amplias y profundas. El estudio de los sordos nos demuestra que gran parte de lo que es en nosotros característicamente humano (el habla, el pensamiento, la comunicación y la cultura) no se desarrolla de un modo automático; no son funciones puramente biológicas sino también, en principio, funciones sociales e históricas; son el *legado* (el más maravilloso de todos) que una generación transmite a otra. Y eso nos revela que la Cultura es tan fundamental como la Naturaleza.

La existencia de un lenguaje visual, la Seña, y el asombroso aumento de la percepción y de la inteligencia visual que aporta su aprendizaje, nos revelan que existen en el cerebro posibilidades ricas e insólitas, nos muestran la flexibilidad casi ilimitada y los inmensos recursos del sistema nervioso, del organismo humano, cuando se enfrenta a una situación nueva y tiene que adaptarse. Aunque el tema pone de manifiesto lo vulnerables que somos y que podemos perjudicarnos a nosotros mismos (con frecuencia involuntariamente), nos muestra también nuestras fuerzas desconocidas e insospechadas, los infinitos recursos de supervivencia y trascendencia que nos han otorgado conjuntamente la Naturaleza y la Cultura. Así pues, aunque tengo la esperanza de que las personas sordas y sus familiares, profesores y amigos consideren este libro de especial interés, también espero que el pú-

2. En la comunidad sorda hay quien establece esta distinción asignando a la sordera audiológica una «s» minúscula, para distinguirla de la Sordera con «s» mayúscula como entidad lingüística y cultural.

27

blico en general descubra en él una perspectiva insospechada de la condición humana.

El libro tiene tres partes. La primera se escribió en 1985 y 1986, y comenzó como la recensión de un libro sobre la historia de los sordos, *When the Mind Hears*, de Harlan Lane. La recensión se había convertido ya en un ensayo cuando se publicó (en la *New York Review of Books*, 27 de marzo de 1986) y ha sido ampliada y revisada aún más después. De todos modos, he dejado algunas tesis y algunas frases con las que no estoy ya totalmente de acuerdo porque me pareció que debía mantener el original, pese a sus defectos, para mostrar lo que pensaba al principio sobre el tema. La tercera parte la propició la rebelión de los estudiantes de Gallaudet en 1988 y se publicó en la *New York Review of Books* del 2 de junio de 1988. También ha sido considerablemente revisada y ampliada para incorporarla al libro. La segunda parte se escribió más tarde, en el otoño de 1988, pero es, en algunos sentidos, el núcleo del libro, o al menos el enfoque más sistemático, aunque también más personal, de todo el tema. Debería añadir que nunca he podido explicar una historia y seguir una vía de razonamiento sin realizar innumerables viajes o excursiones laterales en ruta, que hicieran mucho más provechoso el viaje.[3] He de subrayar que soy un advenedizo en este campo: no soy sordo, no hablo por señas, no soy intérprete ni profesor, no soy especialista en el desarrollo infantil, tampoco historiador ni lingüista. Se trata, como se verá pronto, de un campo problemático (a veces amurallado) donde han combatido a lo largo de siglos tendencias apasionadas. Soy

---

3. Las notas, numerosas y a veces extensas, deben considerarse excursiones mentales o imaginativas que el viajero-lector puede emprender o evitar a su arbitrio.

un intruso, sin información ni experiencia específicas, pero creo que también sin ningún prejuicio, sin nada que defender, sin ninguna animosidad.

No podría haber hecho este viaje, y aún menos haber escrito sobre él, sin la ayuda y la inspiración de innumerables personas; primero y ante todo personas sordas (pacientes, sujetos de experimentación, colaboradores, amigos), que eran las únicas que podían facilitarme una visión desde dentro; y las más directamente relacionadas con ellas, sus familiares, intérpretes y maestros. Quiero dejar constancia aquí en particular de la enorme ayuda que me prestaron Sarah Elizabeth y Sam Lewis, y su hija Charlotte; Deborah Tannen, de la Universidad de Georgetown; y el personal de la Escuela California para Sordos de Fremont, la Escuela para Sordos de Lexington y muchas otras escuelas e instituciones para sordos, sobre todo la Universidad Gallaudet. Merecen mención especial David de Lorenzo, Carol Erting, Michael Karchmer, Scott Liddell, Jane Norman, John Van Cleve, Bruce White y James Woodward, entre muchos otros.

He contraído una gran deuda con los investigadores que consagraron su vida a entender y estudiar a las personas sordas y su lenguaje, sobre todo con Ursula Bellugi, Susan Schaller, Hilde Schlesinger y William Stokoe, que compartieron conmigo plena y generosamente sus ideas y observaciones y que estimularon las mías. Jerome Bruner, que con tanta profundidad ha reflexionado sobre el desarrollo mental y lingüístico de los niños, ha sido para mí en todo momento un guía y un amigo inestimable. Mi amigo y colega Elkhonon Goldberg me sugirió nuevas formas de abordar las bases neurológicas del lenguaje y del pensamiento y las formas especiales que pueden adoptar en los sordos. He tenido además la satisfacción de conocer este año a Harlan Lane y a Nora Ellen Groce, cuyos libros tanto me inspiraron en 1986, cuando inicié mi viaje, y a Carol Padden, cuyo libro tanto me influyó en 1988: sus puntos de vista sobre los sordos han ampliado mi propia concepción. Varios colegas, entre ellos Ursula Bellugi, Jerome Bruner, Robert Johnson, Harlan Lane, Helen Neville, Isabelle Rapin, Israel Rosenfield, Hilde Schlesinger y William Stokoe, leyeron el manuscrito de este libro en diversas etapas de su elaboración y me brindaron comentarios, críticas y estímulos que les agradezco particularmente. A todos ellos, y a muchos otros, les debo inspiración e intuiciones (aunque mis opiniones, y mis errores, sean sólo míos).

En marzo de 1986, Stan Holwitz, de la University of California Press, respondió inmediatamente a mi primer ensayo y me instó y me alentó a ampliarlo; conté con su paciente ayuda y su estímulo durante los tres años que me llevó materializar su sugerencia. Paula Cizmar leyó los sucesivos borradores del libro y me hizo también muchas sugerencias valiosas. Shirley Warren fue guiando el manuscrito a lo largo del proceso de edición, bregando con paciencia con un número creciente de notas al pie y cambios de última hora.

Quiero dar las gracias también a mi sobrina Elizabeth Sacks Chase, que sugirió el título, que procede de las palabras de Píramo a Tisbe: «Veo una voz...»

Una vez terminado el libro, he hecho lo que quizás debería haber hecho al principio: he empezado a aprender a hablar por señas. He de dar las gracias a mi profesora, Janice Rimler, de la New York Society for the Deaf, y a mis tutores, Amy y Mark Trugman, por luchar valerosamente con un principiante lento y problemático... y por convencerme de que nunca es demasiado tarde para empezar.

Quiero, por último, dejar constancia de la deuda que contraje con las cuatro personas (dos colegas y dos editores) sin cuya decisiva aportación no me habría sido posible trabajar y escribir. En primer lugar con Bob Silvers, editor de la *New York Review of Books*, que fue quien me envió el libro de Harlan Lane diciéndome: «En realidad, nunca has meditado sobre el lenguaje; este libro te obligará a hacerlo...» Y así fue. Bob Silvers tiene un sentido clarividente de qué es lo que la gente aún no ha analizado y debería analizar; y luego les ayuda a dar a luz sus pensamientos aún nonatos con su don obstétrico característico.

La segunda de esas personas es Isabelle Rapin, que ha sido mi amiga más íntima y mi colega en el Albert Einstein College of Medicine durante veinte años, y que ha trabajado también con personas sordas y ha meditado también sobre ellas durante medio siglo. Isabelle me presentó a pacientes sordos, me llevó a escuelas para sordos, compartió conmigo su experiencia con niños sordos y me ayudó a comprender los problemas de los sordos como no habría podido comprenderlos nunca sin su ayuda. [También ella escribió una recensión-ensayo extenso (Rapin, 1986), basado principalmente en *When the Mind Hears*.]

Conocí a Bob Johnson, director del departamento de lingüística de Gallaudet, la primera vez que fui allí, en 1986, y fue él quien me inició en el lenguaje de señas y en el mundo de los sordos, un idioma y una cultura a los que quienes son ajenos a ellos difícilmente pueden acceder y que difícilmente pueden concebir. Si Isabelle Rapin y Bob Silvers me lanzaron a este viaje, Bob Johnson se hizo cargo de mí luego y me hizo de guía y acompañante.

Kate Edgar ha desempeñado finalmente un papel único como colaboradora, amiga, editora y organizadora, impulsándome siempre a pensar y a escribir, a ver todos los aspectos del problema, pero a mantenerme siempre en su centro focal.

A esas cuatro personas les dedico, pues, este libro.

O. W. S.
Nueva York, marzo de 1989

31

CAPÍTULO PRIMERO

Somos sumamente ignorantes respecto a la sordera, a la que el doctor Johnson calificaba de «una de las calamidades humanas más terribles», mucho más ignorantes de lo que lo eran las personas cultas en 1886 o 1786. Ignorantes e indiferentes. He planteado el tema en los últimos meses a muchísimas personas y casi siempre he recibido respuestas de este tenor: «¿La sordera? No conozco a ningún sordo. Nunca he pensado mucho en eso. La sordera no tiene nada de *interesante*, ¿verdad que no?» Así habría respondido yo también unos meses antes.

Pero las cosas cambiaron en mi caso cuando me enviaron un grueso volumen de Harlan Lane titulado *When the Mind Hears: A History of the Deaf,* que abrí con una indiferencia que se convirtió muy pronto en asombro y luego en algo que bordeaba la incredulidad. Analicé el asunto con mi amiga y colega la doctora Isabelle Rapin, que lleva veinticinco años trabajando en estrecho contacto con los sordos. Llegué a conocer mejor a una colega sorda congénita, mujer notable y de grandes dotes, a la que nunca había prestado atención.[4] Em-

---

4. Esta colega, Lucy K., habla y lee los labios tan bien que yo no me di cuenta al principio de que era sorda. Hasta que giré un día la cabeza a un lado por casualidad cuando estábamos hablando, cortando así la co-

pecé a ver, o a estudiar por primera vez, a una serie de pacientes sordos que tenía a mi cuidado.[5] Después de leer la historia de Harlan Lane seguí con *The Deaf Experience*, una colección de textos escritos por los primeros sordos alfabetizados, preparada por Lane, y pasé luego a *Everyone Here Spoke Sign Language*, de Nora Ellen Groce, y a muchos libros más. Ahora tengo toda una estantería dedicada a un tema que hace seis meses ni siquiera sabía que existiera, y he visto algunas de las excelentes películas que se han hecho sobre él.[6]

---

municación instantáneamente sin saberlo, no advertí que no me oía sino que me leía los labios (lo de «leer los labios» es una expresión bastante impropia para designar ese arte complejo de observación, deducción e inspirada conjetura). Cuando a los doce meses le diagnosticaron sordera, sus padres mostraron enseguida un deseo ferviente de que su hija hablase y formase parte del mundo oyente y su madre consagró muchas horas diarias a una enseñanza individual e intensiva del habla, esfuerzo abrumador que duró doce años. Lucy no aprendió a hablar por señas hasta después, a los catorce años; la seña siempre ha sido para ella una segunda lengua que no le brota de forma «natural». Asistió a clases «normales» (para oyentes) en el instituto y en la universidad, gracias a su pericia en la lectura de los labios y a unos potentes audífonos, y ahora trabaja en nuestro hospital con pacientes oyentes. Tiene sentimientos contradictorios respecto a su situación: «A veces siento –dijo una vez– que estoy entre dos mundos, y no encajo del todo en ninguno.»

5. Antes de leer el libro de Lane había abordado a los pocos pacientes sordos que había tenido a mi cuidado con criterios puramente médicos, como «otológicamente lisiados» o «enfermos del oído». Después de leerlo empecé a mirarlos con otra perspectiva, sobre todo después de observar a tres o cuatro de ellos hablando por señas con una vivacidad y una animación que antes no había sabido ver. Sólo a partir de entonces empecé a considerarles Sordos con mayúscula, miembros de una comunidad lingüística distinta.

6. Ha habido en Inglaterra desde «Voices from Silent Hands» (Horizon, 1980) media docena de programas importantes como mínimo. En Estados Unidos ha habido varios (sobre todo algunos excelentes de la Universidad Gallaudet, como «Hands Full of Words»). El más importante y reciente de ellos es el extenso documental en cuatro partes de Frede-

Un reconocimiento más a modo de preámbulo. En 1969 W. H. Auden me envió un ejemplar, el suyo, de *Deafness*, unas memorias autobiográficas excelentes del poeta y novelista sudafricano David Wright, que se quedó sordo a los siete años: «Te parecerá fascinante —me dijo–, es un libro maravilloso.» Estaba salpicado de anotaciones suyas (aunque no sé si llegó a escribir sobre él alguna vez). Lo hojeé por entonces sin prestarle demasiada atención. Volví a descubrirlo por mi cuenta. David Wright es un autor que escribe desde las profundidades de su propia experiencia, no un historiador ni un erudito que aborda un tema. Además, no es ajeno a nosotros. Podemos imaginar fácilmente su situación, mientras que nos resulta mucho más difícil hacernos cargo de la situación del que es sordo de nacimiento, como el famoso profesor Laurent Clerc. Por eso puede servirnos de puente, guiarnos a través de su experiencia al reino de lo inconcebible. Como resulta más fácil leerle a él que a los grandes mudos del siglo XVIII, debería leérsele primero a ser posible, pues nos prepara para ellos. Hacia el final del libro escribe:[7]

Los sordos no han escrito mucho sobre la sordera.[8] De cualquier modo, considerando que me quedé sordo cuando ya sabía hablar, no estoy en mejor situación que un

---

rick Wiseman titulado *Deaf and Blind*, que emitió la televisión pública en 1988. Ha habido también en televisión un número creciente de obras de ficción sobre la sordera. Por ejemplo, en un episodio de enero de 1989 de la nueva «Star Trek», titulado «Louder than a Whisper», el actor sordo Howie Seago interpretaba a un embajador de otro planeta que era sordo y hablaba por señas.

7. Wright, 1969, pp. 200-201

8. Así era en realidad en 1969, cuando se publicó el libro de Wright. Desde entonces ha habido un verdadero aluvión de trabajos sobre la sordera escritos por sordos, el más notable de los cuales es *Deaf in America: Voices from a Culture*, de los lingüistas sordos Carol Padden y

oyente para imaginar lo que es nacer en el silencio y alcanzar la edad de la razón sin disponer de un medio para pensar y comunicarse. El simple hecho de intentarlo evoca esas palabras iniciales terribles del Evangelio de San Juan: «En el principio era el Verbo.» ¿Cómo se pueden elaborar conceptos en esa situación?

Esto (la relación del lenguaje con el pensamiento) es lo que constituye el problema más profundo, el básico, cuando consideramos aquello a lo que se enfrentan o pueden enfrentarse quienes nacen sordos o se quedan sordos muy pronto.

El término «sordo» es vago, o es tan general, más bien, que nos impide tener en cuenta los muy distintos grados de sordera, que tienen una significación cualitativa y hasta «existencial». Hay personas «duras de oído» (unos quince millones en Estados Unidos) que pueden llegar a oír más o menos una conversación recurriendo al audífono y contando con la atención y la paciencia del interlocutor. Muchos tenemos padres o abuelos que se incluyen en este apartado. Hace un siglo habrían utilizado trompetillas, ahora utilizan audífonos. También hay «sordos graves», muchos de los cuales lo son por haber padecido una enfermedad o una lesión en una etapa temprana de la vida; pero tanto ellos como los duros de oído pueden oír todavía una conversación, especialmente con esos nuevos audífonos tan perfeccionados, computadorizados y «personalizados». Luego están los «sordos profun-

---

Tom Humphries. Se han publicado también novelas sobre sordos escritas por sordos, por ejemplo *Islay*, de Douglas Bullard, que intenta reflejar las percepciones características, el flujo de conciencia, el diálogo interior de quienes hablan por señas. Para otros libros de escritores sordos, véase la bibliografía fascinante que incluye Wright en *Deafness*.

dos» (de los que decimos a veces que están «sordos como una tapia»), que no tienen ninguna posibilidad de oír una conversación, por muchos adelantos tecnológicos que haya. Los sordos profundos no pueden conversar del modo habitual, han de leer los labios (como hacía David Wright) o hablar por señas, o ambas cosas.

Lo que importa no es sólo el grado de sordera sino (es esencial) la edad, o etapa, en la que se presente. David Wright menciona en el pasaje que hemos citado que se quedó sordo cuando ya sabía hablar, y que por eso no podía hacerse cargo de verdad de la situación de los que carecen de audición o la han perdido antes de aprender a hablar. Vuelve a abordar esto en otros pasajes:[9]

> Fue una gran suerte que me quedara sordo cuando me quedé, si la sordera había de ser mi destino. A los siete años el niño ha asimilado ya los elementos esenciales del lenguaje, y yo lo había hecho. Haber aprendido a hablar de modo natural era otra ventaja. La pronunciación, la sintaxis, la modulación, la locución habían llegado por el oído. Tenía un vocabulario básico que podía ampliar fácilmente leyendo. *Todo esto me habría sido imposible si hubiese nacido sordo o si hubiese perdido la audición antes de lo que la perdí.* [La cursiva es mía.]

Wright nos habla de las «voces fantasmas» que oye cuando alguien le habla si *ve* el movimiento de los labios y los rostros, y de cómo «oía» el rumor del viento[10] siempre que veía los árboles o las ramas agitados por el viento. Hace una

9. Wright, 1969, p. 25.
10. Wright utiliza la expresión de Wordsworth «música ocular» para esas experiencias, incluso cuando no van acompañadas de fantasma auditivo, expresión que utilizan varios escritores sordos como metáfora de su percepción de la belleza y de las pautas visuales. Se usa sobre todo en los

descripción fascinante de la primera vez que le sucedió, de su experiencia *inmediata* del comienzo de la sordera:[11]

[Mi sordera] resultaba más difícil de percibir porque los ojos habían empezado a traducir inconscientemente movimiento a sonido desde el principio. Mi madre se pasaba casi todo el día a mi lado y yo entendía todo lo que decía. ¡Y cómo no! Me había pasado la vida leyéndole los labios sin saberlo. Cuando hablaba me parecía oír su voz. Esta ilusión persistió después incluso de que supiese que lo era. Mi padre, mis primos, todas las personas que conocía, conservaban voces fantasmas. No comprendí que eran imaginarias, que eran las proyecciones del hábito y de la memoria, hasta que salí del hospital. Un día estaba hablando con mi primo y él, en un momento de inspiración, se tapó la boca con la mano sin dejar de hablar. ¡Silencio! Así me convencí definitivamente de que cuando no veía no oía.[12]

---

motivos repetidos (las «rimas», las «consonancias», etc.) de la poesía en lenguaje de señas.

11. Wright, 1969, p. 22.

12. Hay, desde luego, un «consenso» de los sentidos: los objetos se oyen, se ven, se tocan, se huelen, a la vez, de modo simultáneo; su sonido, visión, olor y textura se presentan juntos. La experiencia y la asociación son las que establecen esta correspondencia. No es, en general, una cosa de la que tengamos conciencia, aunque nos sorprenderíamos mucho si algo no sonara según su apariencia, si uno de nuestros sentidos diese una impresión discrepante. Pero se nos *puede* hacer cobrar conciencia de la correspondencia de los sentidos, de un modo bastante súbito y sorprendente, si se nos priva de pronto de uno de ellos, o si recuperamos uno. Así, David Wright «oía» el habla cuando se quedó sordo; un paciente mío anósmico «olía» las flores siempre que las veía; y Richard Gregory (en su artículo «Recovery from early blindness: a case study», reeditado en Gregory, 1974) explica el caso de un paciente que supo leer la hora que marcaba el reloj en cuanto recuperó la vista tras una operación

Aunque Wright sabe que los sonidos que «oye» son «ilusorios» («proyecciones del hábito y de la memoria»), han seguido siendo para él profundamente vívidos durante sus décadas de sordera. Para Wright, para los que se quedan sordos después de haberse asentado bien la audición, el mundo puede seguir lleno de sonidos aunque sean «fantasmas».[13]

(era ciego de nacimiento); antes tocaba las manecillas de un reloj sin cristal, pero pudo hacer una transferencia «transmodal» instantánea de esta información táctil a lo visual en cuanto empezó a ver.

13. El que se oigan (es decir, se imaginen) «voces fantasmas» cuando se leen los labios es muy característico de los sordos *postlingüísticos*, para los que el habla (y el «diálogo interior») ha sido antes una experiencia auditiva. No se trata de «imaginar» en el sentido ordinario, sino más bien de una «traducción» instantánea y automática de la experiencia visual a una percepción auditiva correspondiente (basada en la experiencia y en la asociación), traducción que es probable que tenga una base neurológica (de conexiones audiovisuales sedimentadas por la experiencia). Esto no sucede, como es natural, en el caso de los sordos *prelingüísticos*, que no tienen ni experiencia ni imaginación auditivas a las que recurrir. Para ellos leer los labios (y también la lectura ordinaria) es una experiencia exclusivamente visual; ven, pero no oyen, la voz. Es tan difícil para nosotros, como hablantes-oyentes, concebir incluso esa «voz» visual como para los que nunca han oído concebir una voz auditiva.

Habría que añadir que los sordos congénitos pueden apreciar plenamente, por ejemplo, el inglés escrito, a Shakespeare, aunque no les «hable» del modo auditivo. Les habla, hemos de suponer, de un modo completamente visual, no oyen sino que *ven* la «voz» de las palabras.

Cuando leemos, o imaginamos a alguien hablando, «oímos» una voz en el oído interior. ¿Y los que nacen sordos? ¿Cómo se imaginan ellos las voces? Clayton Valli, un poeta por señas sordo, cuando le llega un poema siente que su cuerpo hace pequeñas señas... está, como si dijésemos, hablando consigo mismo, con su propia voz. Los locos suelen padecer «audición de voces»; voces ajenas, con frecuencia acusatorias, que les regañan, o que les halagan. ¿Padecen también «visión de voces» los sordos cuando se vuelven locos? Y sí es así, ¿cómo las ven? ¿Como manos haciendo señas en el aire, o como apariciones visuales de cuerpo entero que hacen señas? Me ha sido extrañamente difícil obtener una respuesta cla-

Pero si falta la audición al nacer o se pierde en la temprana infancia, antes de aprender a hablar, la situación es completamente distinta, es una situación básicamente inconcebible para las personas normales (e incluso para los sordos poslingüísticos como David Wright). Los afectados por este

---

ra..., lo mismo que puede resultar difícil, a veces, conseguir que el que ha soñado te explique cómo sueña. Puede captar algo en el curso del sueño pero es incapaz de decir *cómo*, si con la vista o con el sonido. Hay aún muy pocos estudios sobre las alucinaciones, el sueño y las fantasías lingüísticas en los sordos.

El problema de cuánto siguen «oyendo» los sordos poslingüísticos muestra analogías con la manera de seguir «viendo» de los que se quedan ciegos en una etapa tardía de la vida, que continúan viviendo en un mundo visual de un modo u otro, despiertos y en sueños. La crónica autobiográfica más extraordinaria de esta experiencia acaba de proporcionárnosla John Hull (1990). «Durante el primer par de años de ceguera —escribe—, cuando pensaba en personas a las que conocía las dividía en dos grupos. Las que tenían rostro y las que no lo tenían... La proporción de gente sin rostro fue aumentando con el paso del tiempo.» Cuando le hablaban personas a las que conocía tenía imágenes intensas de sus rostros... aunque imágenes grabadas por sus últimas impresiones antes de quedarse ciego, y por tanto progresivamente anticuadas. En el caso de las otras personas, aquellas de las que no había recuerdos visuales concretos, se produjeron, en determinado momento, «proyecciones» visuales incontrolables (quizás análogas a los «fantasmas» auditivos de Wright y a los miembros fantasmas de los amputados: estos «espectros sensoriales» los crea el cerebro cuando queda desconectado bruscamente del aflujo sensorial ordinario).

Hull descubrió que, en general, con los años, iba hundiéndose progresivamente en lo que él llama «ceguera profunda», con cada vez menos recuerdos, fantasías y necesidad de imágenes visuales y cada vez más sensación de «ver con todo el cuerpo», viviendo en un mundo autónomo y completo de sensaciones corporales, tacto, olfato y gusto, y, por supuesto, oído..., todo ello notablemente fortalecido. Sigue utilizando imágenes y metáforas visuales en su lenguaje, pero son para él, cada vez más, sólo metáforas. Es probable que los que se quedan sordos en una etapa tardía de la vida puedan ir perdiendo también gradualmente sus imágenes y recuerdos auditivos, a medida que se adentran en el mundo exclusivamen-

impedimento (los sordos prelingüísticos) son una categoría que se diferencia cualitativamente de todas los demás. Para estas personas que nunca han oído, que no tienen asociaciones ni imágenes ni posibles recuerdos auditivos, no puede haber siquiera ilusión de sonido. Viven en un mundo de mutismo y silencio continuos y absolutos.[14] Estos individuos, los sordos congénitos, quizás sumen un cuarto de millón en Estados Unidos. Son una milésima parte de los niños del mundo.

---

te visual de la sordera «profunda». Cuando le preguntaron a Wright si le gustaría recuperar la audición en la etapa en que estaba contestó que no, que su mundo le parecía ya un mundo completo.

14. Se trata de una idea estereotípica no del todo correcta. Los sordos congénitos no sienten el «silencio» ni se quejan de él, igual que los ciegos no experimentan la «oscuridad» ni se quejan de ella. Eso son proyecciones o metáforas que nosotros hacemos de su estado. Además, hasta los que padecen la sordera más profunda oyen ruidos de diversos tipos y pueden ser muy sensibles a toda clase de vibraciones. Esta sensibilidad a la vibración puede convertirse en una especie de sentido accesorio: así Lucy K., aunque padece una sordera profunda, puede identificar inmediatamente un acorde como una «quinta» poniendo una mano sobre el piano, y puede apreciar voces en teléfonos muy amplificados; parece ser que lo que percibe en ambos casos son vibraciones, no sonidos. El desarrollo de la percepción de las vibraciones como un sentido auxiliar guarda ciertas similitudes con el de la «visión facial» de los ciegos, que utilizan la cara para captar una especie de información ultrasónica.

Los oyentes tienden a percibir vibraciones *o* sonido: así, un do grave (por debajo del nivel de la escala del piano) podría captarse como un do grave *o* como una oscilación atonal de dieciséis vibraciones por segundo. Una octava por debajo de esto sólo oiríamos una oscilación; una octava por encima (treinta y dos vibraciones por segundo), oiríamos una nota grave sin ninguna oscilación. La percepción de «tono» dentro de la gama auditiva es una especie de construcción o juicio sintético del sistema auditivo normal (véase *Sensations of Tone,* de Helmholtz, 1862). Si no se puede conseguir esto, como en el caso de los sordos profundos, puede haber una ampliación perceptible hacia arriba de la sensibilidad a la vibración, hacia campos que los oyentes captan como tonos, incluso en la gama media de la música y el habla.

De ellos y sólo de ellos, será de los que nos ocupemos aquí, pues su situación y su problemática son únicas. ¿Por qué? Tendemos a considerar la sordera, si alguna vez pensamos en ella, menos grave que la ceguera; tendemos a verla como un impedimento o un obstáculo, pero no la consideramos, ni mucho menos, tan terrible en un sentido radical. Es discutible que la sordera sea «preferible» a la ceguera si se presenta en una etapa tardía de la vida; pero es infinitamente más grave nacer sordo que nacer ciego, al menos potencialmente. Los sordos prelingüísticos, que no pueden oír a sus padres, corren el riesgo de un retraso mental grave e incluso de una deficiencia permanente en el dominio del lenguaje, a menos que se tomen medidas eficaces muy pronto. Y una deficiencia del lenguaje es una de las calamidades más terribles que puede padecer un ser humano, pues sólo a través del lenguaje nos incorporamos del todo a nuestra cultura y nuestra condición humana, nos comunicamos libremente con nuestros semejantes y adquirimos y compartimos información. Si no podemos hacerlo, estaremos singularmente incapacitados y desconectados, pese a todos nuestros intentos o esfuerzos o capacidades innatas, y puede resultarnos tan imposible materializar nuestra capacidad intelectual que lleguemos a parecer deficientes mentales.[15]

15. Isabelle Rapin considera la sordera una forma de retraso mental tratable o, mejor, prevenible (véase Rapin, 1979).
Hay diferencias fascinantes de estilo, de enfoque del mundo, entre los sordos y los ciegos (y los normales). Los niños ciegos, en concreto, suelen hacerse «hiperverbales», tienden a utilizar complejas descripciones verbales en vez de imágenes visuales, intentando rechazar lo visual o sustituirlo por lo verbal. La psicoanalista Dorothy Burlingham decía que esto solía traer consigo una especie de «falso yo» pseudovisual, que pareciese que el niño veía cuando no era así (Burlingham, 1972). Esta psicoanalista creía que era fundamental tener en cuenta el hecho de que los niños ciegos tienen un perfil y un «estilo» completamente distintos

Fue precisamente por esto por lo que se consideró idiotas durante miles de años a los sordos congénitos, o «sordomudos», y por lo que una ley muy poco ilustrada les declaró «incapaces» (de heredar propiedades, de casarse, de instruirse, de desempeñar un trabajo interesante) y se les negaron los derechos humanos fundamentales. Esta situación no empezó a remediarse hasta mediados del siglo XVIII, cuando (quizás como parte de una ilustración general, quizás como un acto específico de empatía y talento) se produjo un cambio radical en la visión y la condición de los sordos.

A los *filósofos* de la época les fascinaban, sin duda, los interrogantes y los problemas extraordinarios que planteaba un ser humano aparentemente sin lenguaje. El «niño salvaje» de Aveyron[16] ingresó, cuando lo llevaron a París en 1800, en la

-----

(que exigen un tipo diferente de enseñanza y de lenguaje) y que no hay que considerarles deficientes sino diferentes y peculiares por derecho propio. Esta actitud era revolucionaria en la década de 1930, cuando se publicaron por primera vez sus estudios. Ojalá hubiera estudios psicoanalíticos comparables sobre niños sordos de nacimiento; pero para esto haría falta un psicoanalista, si no sordo que hablase al menos con fluidez por señas y, aún mejor, que tuviese el lenguaje de señas como primera lengua.

16. A Víctor, el «niño salvaje», lo encontraron en los bosques de Aveyron en 1799. Andaba a cuatro patas, comía bellotas, vivía como un animal. Cuando lo llevaron a París, en 1800, despertó un enorme interés pedagógico y filosófico: ¿Cómo pensaba? ¿Se le podía instruir? El médico Jean-Marc Itard, que destacó además por su interés por los sordos (y también por sus errores respecto a ellos), acogió al niño en su casa e intentó enseñarle a hablar e instruirle. Su primera memoria sobre el tema se publicó en 1807 y le siguieran varias más (véase Itard, 1932). Harlan Lane le ha dedicado también un libro, en el que, entre otras cosas, compara a estos niños «salvajes» con los sordos de nacimiento (Lane, 1976).

El pensamiento romántico del siglo XVIII, del que Rousseau fue representante muy destacado, consideraba en general que toda desigualdad, toda desgracia, toda culpa, toda represión se debía a la civilización, y creía que la inocencia y la libertad sólo podían hallarse en la naturaleza:

Institución Nacional para Sordomudos, dirigida por aquel entonces por el abate Roch-Ambroise Sicard, miembro fundador de la Asociación de Observadores del Hombre, y personalidad destacada en la educación de los sordos. Como escribe Jonathan Miller:[17]

> El niño «salvaje» brindaba a los miembros de esta asociación una oportunidad excepcional para poder investigar los fundamentos de la naturaleza humana... estudiando a una criatura como aquélla lo mismo que habían estudiado antes salvajes y primates, indios piel roja y orangutanes, los intelectuales de fines del siglo XVIII tenían la esperanza de poder definir qué era lo característico del hombre. Quizás pudiesen determinar al fin el patrimonio innato de la especie humana y establecer de una vez por todas qué papel jugaba la sociedad en la formación del lenguaje, la inteligencia y la moral.

Aquí los dos proyectos divergían, claro, encaminándose uno al éxito y el otro al fracaso absoluto. El niño salvaje

---

«El hombre nace libre, pero por todas partes lo encadenan.» La realidad aterradora de Víctor fue una especie de correctivo, la revelación de que, como dice Clifford Geertz: «... no existe una naturaleza humana independiente de la cultura. Los hombres sin cultura no serían [...] los nobles de la naturaleza del primitivismo de la Ilustración [...] Serían monstruosidades inviables con muy pocos instintos útiles, muy pocos sentimientos identificables y sin intelecto: casos incurables [...] Pues nuestro sistema nervioso central (y sobre todo su máxima gloria y maldición, el neocórtex) se formó en gran parte en interacción con la cultura y no es capaz de regir nuestra conducta ni de organizar nuestra experiencia sin la orientación que aportan ciertos sistemas de símbolos significativos [...] Somos, en suma, animales inacabados o incompletos que nos completamos a través de la cultura» (Geertz, 1973, p. 49).

17. Miller, 1976.

44

nunca llegó a dominar el lenguaje, por la razón o razones que fuesen. Una explicación no suficientemente considerada es que nunca le pusieron en contacto con un lenguaje de señas, y se limitaron a presionarle sin descanso, y en vano, para que intentara hablar. Pero cuando se abordó adecuadamente a los «sordomudos», es decir, a través del lenguaje de señas, resultó fácil instruirles, y demostraron enseguida a un mundo atónito que podían incorporarse plenamente a su cultura y a su vida. Este hecho maravilloso, el que una minoría despreciada o menospreciada, a la que se le negaba en la práctica el estatus humano hasta tal punto, irrumpiese súbita y sorprendentemente en la escena del mundo, y el de la posterior y trágica destrucción de todo esto en el siglo siguiente, constituyen el capítulo inicial de la historia de los sordos.

Pero antes de adentrarnos en esta extraña historia volvamos a los comentarios totalmente personales e «inocentes» de David Wright. «Inocentes» porque, como él mismo destaca, procuró no leer nada sobre el tema hasta que terminó de escribir su libro. A los ocho años, cuando se hizo evidente que su sordera era incurable y que si no se tomaban medidas concretas disminuiría su dominio del lenguaje, le enviaron a Inglaterra, a un colegio especial. Era uno de esos colegios en los que se trabaja con ahínco infatigable pero descaminado, uno de esos colegios rigurosamente «orales», que procuran ante todo conseguir que los sordos hablen como los demás niños y que tanto daño han hecho desde el principio a los sordos prelingüísticos. El joven David Wright quedó asombrado cuando tuvo su primer contacto con sordos prelingüísticos:[18]

18. Wright, 1969, pp. 32-33.

A veces daba lecciones con Vanessa. Era la primera niña sorda que conocía... Pero sus conocimientos generales resultaban extrañamente limitados, incluso para un niño de ocho años como yo. Recuerdo una lección de geografía que estábamos dando juntos, en la que la señorita Neville preguntó:

–¿Quién es el rey de Inglaterra?

Vanessa no lo sabía; intentó leer de reojo, acongojada, el libro de geografía, que estaba abierto por el capítulo de Gran Bretaña que habíamos estudiado.

–Rey... rey... –empezó.

–Vamos –la instó la señorita Neville.

–Yo lo sé –dije.

–Cállate.

–Reino Unido –dijo Vanessa.

Me eché a reír.

–Eres tonta –dijo la señorita Neville–. ¿Cómo va a llamarse Reino Unido un rey?

–Rey Reino Unido –probó la pobre Vanessa muy colorada.

–Díselo tú si lo sabes.

–El rey Jorge V –dije muy orgulloso.

–¡Eso no es justo! ¡No viene en el libro!

Vanessa tenía toda la razón, claro, el capítulo de la geografía de Gran Bretaña no se ocupaba de su organización política. Vanessa no era nada tonta, pero como había nacido sorda el vocabulario que había aprendido lenta y laboriosamente era aún demasiado limitado para permitirle leer por distracción o por placer, así que era casi imposible que asimilara ese fondo de información heterogénea y transitoriamente inútil que adquieren de forma inconsciente otros niños por las conversaciones que oyen o por lecturas al azar. Casi todo lo que sabía se lo habían enseñado o se lo habían hecho aprender. Y ésta es una diferencia fundamental entre los niños que oyen y los que nacen sordos, o lo era en aquella era preelectrónica.

Es evidente que la situación de Vanessa era grave, pese a su capacidad innata; y el tipo de enseñanza y comunicación que se le imponía le era de escasa utilidad y puede que perpetuase incluso su situación. Porque en aquella escuela progresista (así se consideraba) se prohibía con rigor implacable, con una ferocidad casi demente, el lenguaje de señas; y no sólo el lenguaje de señas británico, sino el «jergal», el tosco lenguaje de señas que habían creado por su cuenta los alumnos sordos. Y sin embargo (esto también nos lo explica pormenorizadamente Wright) el lenguaje de señas florecía en el colegio, era irreprimible pese a los castigos y las prohibiciones. Pero veamos la primera impresión que le hicieron al joven David Wright sus condiscípulos:[19]

La confusión aturde los ojos, los brazos giran como aspas de molino en un huracán [...] el silencioso y enérgico vocabulario del cuerpo: aire, expresión, porte, forma de mirar; las manos despliegan su mímica. Un pandemonio absolutamente fascinante [...] empiezo a darme cuenta de lo que pasa. Ese blandir manos y brazos, coribántico en apariencia, no es más que una convención, un código que aún no transmite nada. En realidad es una especie de lengua vernácula. El colegio ha ido creando un idioma peculiar o jerga propia, aunque no sea un idioma verbal [...] La comunicación debía ser toda oral en teoría. Nuestro argot de señas estaba prohibido, por supuesto [...] Pero estas reglas no podían imponerse cuando no estaba presente el personal. Lo que acabo de describir no es cómo hablábamos sino cómo hablábamos cuando no había entre nosotros ningún oyente. En esas ocasiones nuestra conducta y nuestra conversación eran completamente distintas. Nos liberábamos de las inhibiciones, no llevábamos máscara.

19. Wright, 1969, pp. 50-52.

Así era la Escuela de Northampton, de las Midlands inglesas, cuando David Wright fue allí como alumno en 1927. Para él, un niño sordo poslingüístico, con un dominio firme del lenguaje, el colegio fue excelente sin duda. Para Vanessa, y para otros niños sordos prelingüísticos, un colegio así, con un enfoque oral intransigente, era casi un desastre. Pero un siglo antes, más o menos, en el Asilo Estadounidense para Sordos, fundado en la década anterior en Hartford (Connecticut), donde profesores y alumnos hablaban con toda libertad por señas, Vanessa no se habría encontrado lastimosamente imposibilitada; podría haberse convertido en una joven que dominase la lectura y la escritura y hasta puede que en una joven literata, como las que surgieron y escribieron libros durante la década de 1830.

La situación de los sordos prelingüísticos fue verdaderamente calamitosa hasta 1750: sin posibilidad de adquirir el dominio del habla, y por tanto «mudos»; sin poder disfrutar de una comunicación libre ni siquiera con sus padres y familiares; reducidos a unas cuantas señas y gestos rudimentarios; marginados, salvo en las grandes ciudades, incluso de la comunidad de los de su propia condición; privados de la posibilidad de leer y escribir y recibir una educación, de todo conocimiento del mundo; obligados a hacer los trabajos más serviles; viviendo solos, a menudo al borde de la indigencia; considerados por las leyes y por la sociedad casi como imbéciles..., la suerte de los sordos era, sin discusión, espantosa.[20]

20. En el siglo XVI se había enseñado ya a hablar y a leer a algunos niños sordos de familias nobles, a base de muchos años de instrucción, para que pudiera considerárseles personas jurídicamente (a los mudos no se les consideraba tales) y pudiesen heredar los títulos y fortunas de sus familias. Pedro Ponce de León en la España del siglo XVI, los Braidwood en Inglaterra, Amman en Holanda y Pereire y Deschamps en Francia fue-

Pero lo visible y patente no era nada comparado con la indigencia interna, la indigencia de conocimiento y de pensamiento que podía entrañar una sordera prelingüística si no había comunicación ni medidas terapéuticas de ningún género. La situación lamentable de los sordos despertó la curiosidad y la compasión de los *philosophes*. Así, el abate Sicard preguntaba:[21]

> *¿Por qué* está el sordo inculto aislado del todo y no puede comunicarse con otros hombres? *¿Por qué* se halla reducido a ese estado de imbecilidad? ¿Es su constitución biológica distinta de la nuestra? ¿No posee todo lo necesario para experimentar sensaciones, adquirir ideas y combinarlas para hacer todo lo que hacemos nosotros? ¿No percibe las impresiones sensoriales de los objetos como nosotros? ¿No son éstas, como en nuestro caso, la causa de las sensaciones de la mente y de sus ideas adquiridas? *¿Por qué* permanece entonces el sordo estúpido y nosotros nos hacemos inteligentes?

Formular esta pregunta (que hasta entonces no se había formulado en realidad, o, al menos no claramente) es comprender su respuesta, ver que la respuesta está en el uso de las señas. La causa es, continúa Sicard, que el sordo no tiene «símbolos para fijar y combinar ideas..., por eso hay un va-

---

ron todos ellos educadores oyentes que alcanzaron mayor o menor éxito en la tarea de enseñar a hablar a algunos sordos. Lane destaca que muchos de estos educadores se basaban en señas y en el deletreo dactilar para enseñar el habla. En realidad, hasta los más famosos de estos alumnos sordos orales conocían y usaban el lenguaje de señas. Su habla resultaba poco inteligible y solía retroceder en cuanto disminuía la enseñanza intensiva. Pero hasta 1750 la mayoría, el 99,9 por ciento de los sordos congénitos, no tenía ninguna posibilidad de aprender a leer y a escribir ni de recibir enseñanza alguna.

21. Lane, 1984*b*, pp. 84-85.

cío de comunicación total entre él y las demás personas». Pero lo decisivo, y lo que había sido causa básica de confusión desde los dictámenes de Aristóteles sobre el asunto, era la errónea insistencia en que los símbolos tenían que ser orales. Puede que esta incomprensión apasionada, o prejuicio, se remontase a los tiempos bíblicos: la condición subhumana de los mudos formaba parte del código mosaico, y la ratificaba la exaltación bíblica de la voz y el oído como único medio veraz de comunicación entre el hombre y Dios («en el principio fue el Verbo»); y sin embargo, aunque avasalladas por los tonantes dictámenes aristotélicos y mosaicos, algunas voces sagaces indicaban que no tenía por qué ser así. Pensemos, por ejemplo, en el comentario que hace Sócrates en el *Cratilo* de Platón, que tanto impresionó al joven abate De l'Epée:

> Si no tuviésemos voz ni lengua y deseásemos sin embargo comunicarnos cosas entre nosotros, ¿no deberíamos procurar, como hacen los mudos, indicar lo que queremos decir con las manos, la cabeza y otras partes del cuerpo?

O los atisbos profundos, aunque obvios, del médico-filósofo Cardan en el siglo XVI:

> Se puede conseguir que un sordomudo llegue a oír leyendo y a hablar escribiendo... pues lo mismo que se utilizan convencionalmente sonidos distintos para expresar cosas distintas, así también se puede hacer con las diversas imágenes de objetos y palabras [...] Los caracteres escritos y las ideas pueden asociarse sin la intervención de sonidos reales.

Esta consideración, la de que para comprender las ideas

no era imprescindible oír las palabras, era en el siglo XVI una opinión revolucionaria.[22]

Pero no son (normalmente) las ideas de los filósofos las que cambian la realidad, ni lo es, a la inversa, la actuación práctica del hombre corriente. Lo que cambia la historia, lo que pone en marcha las revoluciones, es la unión de ambas cosas. Una mente idealista (la del abate De l'Epée) tenía que encontrar una práctica humilde (el lenguaje de señas natural de los sordos pobres que vagabundeaban por París) para que pudiese producirse un cambio decisivo. Si nos preguntásemos por qué se produjo entonces esa conjunción, que no se había producido antes, habríamos de responder que se debió, por una parte, a la vocación del abate, que no podía soportar la idea de que las almas de los sordomudos viviesen y muriesen inconfesas, privadas del catecismo, de las sagradas escrituras, del mensaje de Dios; por otra, a su humildad (a que *escuchó* a los sordos) y, además, a una idea filosófica y lingüística muy difundida en aquel medio: la de un lenguaje universal, como el *speceium* con que soñaba Leibniz.[23] Todo

22. Ha habido, sin embargo, lenguas exclusivamente escritas, como el leguaje erudito utilizado a lo largo de un millar de años por la élite de la burocracia china, que nunca se habló y que nunca se pretendió, en realidad, que se hablara.

23. De l'Epée se hace eco aquí concretamente de su contemporáneo Rousseau, tal como hacen todas las descripciones del lenguaje de señas del siglo XVIII. Rousseau (en el *Discurso sobre la desigualdad* y el *Ensayo sobre el origen del lenguaje*) habla de un lenguaje humano original o primordial, en el que todo tiene su nombre natural y auténtico; un lenguaje tan concreto, tan particular, que es capaz de captar la esencia, la «mismidad», de todo; tan espontáneo que expresa directamente todas las emociones; y tan transparente que no caben en él evasivas ni engaños. En este lenguaje no habría lógica ni gramática ni metáforas ni abstracciones (ni necesidad de ellas, en realidad); no sería un lenguaje mediato, una expresión simbólica del pensamiento y el sentimiento, sino que sería, casi mágicamente, *in*mediato. Quizás sea una fantasía universal la idea de un

esto contribuyó a que De l'Epée abordase el lenguaje de señas no despectivamente sino con respeto:[24]

El lenguaje universal que vuestros investigadores han buscado en vano y perdido la esperanza de hallar está aquí, justo ante vuestros ojos; es el de los gestos y señas de los sordos que viven en la indigencia. Como no lo conocéis, lo despreciáis, pero sólo él puede proporcionaros la clave de todas las lenguas.

No importa –fue incluso ventajoso– que esto fuera un error, pues el lenguaje de señas no es un idioma universal en este sentido general, y el noble sueño de Leibniz probablemente sea sólo una quimera.[25] Pero lo importante fue que el abate prestó una atención minuciosa a sus alumnos, aprendió su lenguaje (cosa que habían hecho muy pocos oyentes hasta entonces). Y luego, asociando señas con imágenes y palabras escritas, les enseñó a leer; y con esto, de un plumazo, les dio acceso a los conocimientos y la cultura del mundo. El

---

lenguaje así, de un lenguaje del corazón, de un lenguaje de transparencia y lucidez perfectas, un lenguaje capaz de decirlo todo, sin engañarnos ni embrollarnos nunca (Wittgenstein habla a menudo del embrujo del lenguaje), un lenguaje tan puro como la música.

24. Lane, 1984*b*, p. 181.

25. Aún está muy extendida esta idea de que el lenguaje de señas es uniforme y universal y que permite a los sordos de todo el mundo comunicarse entre ellos. Es completamente falsa. Hay centenares de lenguajes de señas distintos y surgen independientemente siempre que hay un número significativo de sordos en contacto. Tenemos, así, el ameslán o lenguaje de señas estadounidense, el lenguaje de señas británico, el lenguaje de señas francés, el lenguaje de señas danés, el lenguaje de señas chino, el lenguaje de señas maya, aunque no tengan ninguna relación con el chino, el francés, el inglés o el maya hablados. (En Van Cleve, 1987, se describen detalladamente más de cincuenta lenguajes de señas naturales, desde el de los aborígenes australianos hasta el yugoslavo.)

sistema de señas «metódicas» de De l'Epée, una combinación del lenguaje de señas de sus alumnos sordos y de la gramática francesa por señas, permitía al estudiante anotar lo que se le decía a través de un intérprete que hablaba por señas, método tan fructífero que permitió por primera vez que los alumnos sordos corrientes pudiesen leer y escribir el francés, y adquirir así una educación. La escuela de De l'Epée, fundada en 1755, fue la primera que obtuvo apoyo público. De l'Epée formó a gran número de maestros de sordos, que, cuando murió él, en 1789, habían fundado ya veintiuna escuelas para sordos en Francia y en el resto de Europa. El futuro de la propia escuela de De l'Epée, incierto durante la vorágine de la revolución, quedó asegurado al convertirse en 1791 en el Instituto Nacional de Sordomudos de París, dirigido por el distinguido gramático Sicard. El libro de De l'Epée, tan revolucionario en su campo como el de Copérnico, no se publicó hasta 1776.

Este libro, un clásico, se puede leer en varias lenguas. Pero lo que no se podía leer, lo que ha permanecido prácticamente desconocido, son los escritos originales de los sordos, de aquellos primeros sordomudos que aprendieron a escribir, textos que tienen una importancia comparable (y en algunos aspectos son aún más fascinantes). Harlan Lane y Franklin Philip nos han prestado un gran servicio al facilitarnos estos textos en *The Deaf Experience*. Son especialmente conmovedores e importantes los «Comentarios» de Pierre Desloges, de 1779, el primer libro publicado por un sordo, accesibles ahora por primera vez en lengua inglesa. El propio Desloges, que se quedó sordo a muy temprana edad, cuando aún no había adquirido prácticamente el habla, nos hace primero una descripción aterradora del mundo, o el no mundo, de los que carecen de lenguaje:[26]

26. Lane, 1984*b*, p. 32.

Al principio de mi enfermedad, y durante todo el período en que viví separado de los otros sordos [...] no conocía el lenguaje de señas. Sólo utilizaba señas dispersas, aisladas e inconexas. No conocía el arte de combinarlas para formar cuadros diferenciados con los que se pudieran representar ideas diversas, transmitirlas a otros y expresarlas en un discurso lógico.

Así pues, Desloges, pese a ser sin duda un individuo de grandes dotes naturales, apenas podía concebir «ideas» ni desarrollar un «discurso lógico», y no pudo hacerlo *hasta que* aprendió a hablar por señas (le enseñó, como suele pasarles a los sordos, otro sordo, en su caso un sordomudo analfabeto). Aunque muy inteligente, Desloges estuvo intelectualmente imposibilitado hasta que aprendió a hablar por señas, y, concretamente, usando el término que habría de utilizar un siglo después el neurólogo británico Hughlings-Jackson en relación con la incapacidad que acompaña a la afasia, era incapaz de «proposicionar». Merece la pena que aclaremos esto algo más con una cita del propio Hughlings-Jackson:[27]

No hablamos ni pensamos sólo con palabras o señas, sino con palabras o señas que se relacionan unas con otras de un modo concreto [...] Sin una adecuada interrelación de sus partes, la expresión verbal sería una mera sucesión de nombres, un montón de palabras, que no formarían proposición alguna [...] La unidad del habla es la proposición. La pérdida del habla (afasia) es, por tanto, la pérdida del

27. Los escritos de Hughlings-Jackson sobre el lenguaje y sobre la afasia fueron oportunamente reunidos en un volumen de *Brain* que se publicó poco después de su muerte (Hughlings-Jackson, 1915). El mejor análisis del concepto jacksoniano de «proposicionación» se encuentra en el capítulo III de la maravillosa obra en dos volúmenes de Henry Head *Aphasia and Kindred Disorders of Speech*.

«proposicionar» [...] no sólo la pérdida de la capacidad de «proposicionar» en voz alta (hablar), sino de «proposicionar» interna y externamente [...] el paciente sin habla ha perdido el habla, no sólo en el sentido vulgar de que no puede hablar en voz alta, sino por completo. No sólo hablamos para decir a otros lo que pensamos, sino también para decírnoslo a nosotros mismos. El habla es una pieza del pensamiento.

Por eso decía yo antes que la sordera prelingüística podía ser mucho más terrible que la ceguera. Porque puede situar, si no se evita, en una condición de existencia prácticamente sin lenguaje (y sin posibilidad de «proposicionar») que debe compararse con la afasia, condición en la que el pensamiento mismo puede descomponerse y empequeñecerse. El sordo sin lenguaje puede en realidad ser *como* un imbécil, y de un modo particularmente cruel, porque la inteligencia, aunque presente y quizás abundante, permanece encerrada tanto tiempo como dure la ausencia de lenguaje. El abate Sicard tiene razón, y es poético, cuando habla de la enseñanza del lenguaje de señas y dice que «abre las puertas de... la inteligencia por primera vez».

No hay nada más admirable y más digno de elogio que lo que libera las potencialidades de un individuo y le permite desarrollarse y pensar, y nadie ensalza y describe esto con tanta pasión y elocuencia como los mudos súbitamente liberados, como Pierre Desloges:[28]

El lenguaje [de señas] que utilizamos entre nosotros, al dar una imagen fiel del objeto expresado, resulta singularmente apto para precisar las ideas y para ampliar la capacidad de comprensión, pues se crea con él un hábito de ob-

28. Lane, 1984*b*, p. 37.

servación y análisis constantes. Es un lenguaje vivo; refleja el sentimiento y estimula la imaginación. No hay lenguaje más propio para transmitir las emociones grandes e intensas.

Pero ni siquiera De l'Epée percibió, o fue capaz de creer, que el lenguaje de señas era un lenguaje completo, capaz de expresar no sólo todas las emociones sino todas las proposiciones y de permitir a sus usuarios analizar cualquier tema, concreto o abstracto, con el mismo provecho y la misma eficacia que el habla y tan gramaticalmente como ésta.[29]

En realidad esto lo han sabido siempre, o lo han dado al menos por supuesto, todos los que utilizaban las señas como su idioma natural, pero lo han negado siempre los oyentes y hablantes que, aunque bien intencionados, consideran las señas un medio de expresión pobre, una mímica rudimentaria y primitiva. De L'Epée tenía también esta falsa impresión, que sigue siendo prácticamente universal entre los oyentes. Es indudable, sin embargo, que el lenguaje de señas está a la par del habla, que sirve igual para lo riguroso que para lo poético, que sirve realmente para el análisis filosófico y para

29. Fue en realidad su ignorancia o incredulidad a este respecto lo que le llevó a proponer, y a imponer, su sistema completamente superfluo, absurdo en realidad, de «señas metódicas», que obstaculizaba en parte la enseñanza y mermaba la capacidad de comunicación de los sordos. A De l'Epée el lenguaje de señas le inspiraba entusiasmo y menosprecio a la vez. Lo consideraba, además, un lenguaje «universal»; creía, por otra parte, que no tenía gramática (y por eso necesitaba importar la gramática francesa, por ejemplo). Este error persistió sesenta años, hasta que Roch-Ambroise Bébian, alumno de Sicard, viendo claramente que el lenguaje de señas natural era autónomo y completo, prescindió de las «señas metódicas», de la gramática importada.

hacer el amor, y a veces mejor que el habla. (De hecho, si el oyente aprende la seña como primera lengua, puede utilizarla y conservarla como una alternativa constante, y a veces preferible, al habla.)

El filósofo Condillac, que en un principio había considerado a los sordos «estatuas sensibles» o «máquinas ambulantes» que no podían pensar ni tenían actividad mental organizada, acudió de incógnito a las clases de De l'Epée, pasó a ser un converso y aportó[30] el primer respaldo filosófico al método y al lenguaje de señas:

> De l'Epée ha creado a partir del lenguaje de acción un arte metódico, fácil y sencillo con el que transmite a sus alumnos ideas de todo género, y hasta diría que ideas más precisas que las que se aprenden normalmente con ayuda de la audición. Cuando de niños nos vemos reducidos a interpretar el significado de las palabras de acuerdo con las circunstancias en que las oímos, suele sucedernos que captamos un significado sólo aproximado, y nos conformamos con esa aproximación toda la vida. Cuando De l'Epée enseña a los sordos es distinto. Sólo tiene un medio de transmitirles ideas sensoriales; ese medio es analizar y hacer que el alumno analice con él. Les lleva así de las ideas sensoriales a las abstractas; las ventajas del lenguaje de acción de De l'Epée respecto a los sonidos verbales de nuestras institutrices y tutores son evidentes.

No sólo cambió de opinión Condillac, sino que también hubo un cambio de actitud considerable y generoso entre la generalidad del público, que acudía en masa a las demostraciones de De l'Epée y de Sicard, y se dio la bienvenida en la sociedad humana a los que hasta entonces se hallaban margi-

30. Lane, 1984*b*, p. 195.

nados. En este período (que nos parece desde aquí una edad de oro en la historia de los sordos) se crearon en todo el mundo civilizado muchas escuelas para sordos, dirigidas en general por profesores sordos; los sordos salieron del olvido y de la oscuridad y se emanciparon, se liberaron y accedieron enseguida a puestos eminentes y de responsabilidad; pudo haber de pronto escritores sordos, ingenieros sordos, filósofos sordos, intelectuales sordos, algo que antes era inconcebible.

Cuando Laurent Clerc (alumno de Massieu, alumno a su vez de Sicard) se trasladó a los Estados Unidos en 1816, causó un revuelo inmediato y extraordinario, pues los profesores estadounidenses nunca habían conocido, ni imaginado siquiera, a un sordomudo de una cultura y una inteligencia tan impresionantes, no habían sospechado las posibilidades latentes de los sordos. En 1817, Clerc fundó con Thomas Gallaudet el Asilo Estadounidense para Sordos de Hartford.[31] Igual que París (profesores, *philosophes* y público en general) se había conmovido, asombrado y «convertido» con De

31. Harlan Lane, en *When the Mind Hears*, se convierte en novelista-biógrafo-historiador y asume la personalidad de Clerc, a través del cual cuenta la historia de los sordos en su primer período. Como la vida larga y rica de Clerc abarca los acontecimientos más trascendentales, en muchos de los cuales desempeñó además un papel clave, su «autobiografía» se convierte en una maravillosa historia personal de los sordos.

La crónica del reclutamiento de Laurent Clerc y de su traslado a los Estados Unidos es una pieza muy estimada de la tradición y la historia de los sordos. Según se cuenta, el reverendo Thomas Gallaudet estaba un día observando a unos niños que jugaban en el jardín de su casa y le extrañó que uno de ellos no participase de la diversión general. Era una niña, y Gallaudet descubrió que se llamaba Alice Cogswell... y que era sorda. Intentó instruirla él mismo y luego habló con su padre, Mason Cogswell, médico de Hartford, y le propuso crear una escuela para sordos allí (no había entonces ninguna escuela para sordos en Estados Unidos).

l'Epée en la década de 1770, así se convirtieron los Estados Unidos cincuenta años después.

El ambiente del Asilo de Hartford, y de las otras escuelas que pronto se fundaron, se caracterizaba por ese tipo de entusiasmo y de emoción que sólo surgen cuando se inicia una gran empresa intelectual y humanitaria.[32] En vista del éxito rápido y espectacular del Asilo de Hartford surgieron muy pronto otros colegios donde había suficiente densidad demográfica y, por tanto, suficiente número de alumnos sordos. Los maestros de sordos (casi todos hablaban por señas con fluidez y muchos eran sordos) fueron prácticamente todos a Hartford. El sistema de señas francés importado por Clerc se amalgamó enseguida con los lenguajes de señas del país (los sordos crean un idioma de señas siempre que forman una comunidad; es su forma de comunicación más fácil

---

Gallaudet fue a Europa a buscar un maestro, alguien que pudiese fundar, o ayudar a fundar, una escuela en Hartford. Fue primero a Inglaterra, a una de las escuelas de los Braidwood, una de las escuelas «orales» que se habían fundado en el siglo anterior (fue una escuela Braidwood la que visitó Samuel Johnson en su viaje a las Hébridas); pero le recibieron con mucha frialdad: el método «oral», le dijeron, era un «secreto». Tras esta experiencia en Inglaterra se fue a París y conoció allí a Laurent Clerc, que daba clases en el Instituto de Sordomudos. ¿Estaría dispuesto *él*, que era sordomudo y nunca se había aventurado a salir de su Francia natal, ni en realidad mucho más allá de los confines del Instituto, a ir a llevar la Palabra (la Seña) a América? Clerc aceptó y zarparon los dos hacia allí. En la travesía de cincuenta y dos días hasta Estados Unidos, enseñó a Gallaudet a hablar por señas y Gallaudet le enseñó a él inglés. Poco después de llegar empezaron a recaudar fondos (tanto el público en general como las autoridades se mostraron entusiastas y generosos) y al año siguiente inauguraron, con la colaboración de Mason Cogswell, el Asilo de Hartford. Hoy hay una estatua de Thomas Gallaudet enseñando a Alice, en el campus de la Universidad de Gallaudet.

32. Esta atmósfera alienta en todas las páginas de un libro delicioso, *The Deaf and the Dumb*, de Edwin John Mannn, antiguo alumno del Asilo de Hartford, publicado por Hitchcock en 1836.

y más natural) y surgió así un híbrido vigoroso y de extraordinaria expresividad: el ameslán o lenguaje de señas estadounidense (American Sign Language, ASL).[33] Un aporte autóctono específico en la formación del ameslán (Nora Ellen Groce lo explica convincentemente en su libro *Everyone Here Spoke Sign Language*) fue el de los sordos de Martha's Vineyard. Una minoría sustancial de la población padecía allí sordera hereditaria y la mayoría de los habitantes de la isla habían adoptado un lenguaje de señas fácil y expresivo. Como además enviaron a casi todos los sordos del lugar al Asilo de Hartford en el período inicial del mismo, aportaron a la formación del lenguaje de señas nacional el vigor excepcional del suyo propio.

Tiene uno, realmente, una fuerte impresión de polinización, de gente que llega a Hartford, aporta lenguajes regionales, con todas sus peculiaridades y valores, y se lleva a cambio un lenguaje cada vez más depurado y general.[34] La alfabetización y la instrucción de los sordos se extendieron

33. No tenemos datos suficientes sobre la evolución del ameslán, sobre todo en sus primeros cincuenta años, en que se produjo una «criollización» de largo alcance, al americanizarse el lenguaje de señas francés (véanse Fischer, 1978, y Woodward, 1978). Había ya mucha diferencia entre el lenguaje de señas francés y el nuevo ameslán criollo en 1867 (el propio Clerc lo comentó) y ha seguido aumentando en los últimos ciento veinte años. Sin embargo, aún hay similitudes significativas entre los dos lenguajes, las suficientes para que un estadounidense que domine el ameslán no se sienta demasiado extraño en París, mientras que tendría grandes dificultades para entender el lenguaje de señas británico, que tiene orígenes muy distintos.

34. Los dialectos de señas naturales pueden ser muy diferentes. Así, antes de 1817 un estadounidense que recorriese su país se encontraría con dialectos de señas tan distintos del suyo como para resultarle incomprensibles; y la regularización fue tan lenta en Inglaterra que hasta fecha muy reciente los usuarios de lenguajes de señas de pueblos contiguos podían no entenderse.

en Estados Unidos tan espectacularmente como en Francia y se propagaron muy pronto a otras partes del mundo.

Lane calcula que en 1869 había quinientos cincuenta maestros de sordos en el mundo, y que el 41 por ciento de los que había en Estados Unidos eran sordos también. El Congreso aprobó en 1864 una ley que autorizaba a la Institución Columbia para Sordos y Ciegos de Washington a convertirse en una universidad nacional de sordomudos, la primera institución de enseñanza superior específicamente destinada a ellos. Su primer rector fue Edward Gallaudet (hijo de Thomas Gallaudet, que había traído a Clerc a los Estados Unidos en 1816). La Universidad Gallaudet, como se rebautizaría más tarde, sigue siendo hoy la única universidad de humanidades para alumnos sordos del mundo, aunque haya ya varios programas e institutos para sordos vinculados a universidades técnicas. (El más famoso es el Instituto de Tecnología de Rochester, donde hay más de 1.500 estudiantes sordos que forman el Instituto Técnico Nacional para Sordos.)

El gran impulso de liberación e instrucción de los sordos que barrió Francia entre 1770 y 1820, siguió así su marcha triunfal en los Estados Unidos hasta 1870 (Clerc, inmensamente activo hasta el final y con una personalidad carismática, murió en 1869). Y luego (y éste es el punto crucial de toda la historia) el impulso cambió de dirección, se volvió contra el uso del lenguaje de señas por y para los sordos, hasta el punto de que en veinte años se destruyó la labor de todo un siglo.

En realidad lo que pasaba con los sordos y el lenguaje de señas era parte de un movimiento general (y, si se prefiere, «político») de la época: una tendencia a la imposición y al conformismo victorianos, a la intolerancia hacia minorías y costumbres minoritarias de cualquier género: religiosas, lingüísticas, étnicas. En ese período las «naciones pequeñas» y las «lenguas pequeñas» del mundo (por ejemplo, Gales y el galés) se vieron forzadas a la asimilación o la adaptación.

61

Había habido durante dos siglos además, entre los maestros y los padres de los niños sordos, una contracorriente partidaria de que el objetivo de su educación fuese enseñarles a hablar. Ya De l'Epée se había visto enfrentado un siglo antes, si no de modo explícito sí al menos implícitamente, con Pereire, el mayor «oralista» o «desenmudecedor» de la época, que consagró su vida a enseñar a hablar a los sordos; era una tarea que exigía dedicación absoluta, pues se necesitaban años de instrucción ardua e intensiva, y un profesor trabajando con un solo alumno, para que hubiese alguna esperanza de éxito. En cambio De l'Epée podía enseñar a cientos de alumnos a la vez. Pero en la década de 1870 surgió una corriente que llevaba décadas fraguándose, alimentada, paradójicamente, por el enorme éxito de las instituciones para sordomudos y de sus espectaculares demostraciones de que se podía instruir a los sordos. Esta corriente pretendía eliminar el instrumento mismo del éxito.

Había, claro, dilemas reales, los ha habido siempre, y aún los hay hoy. ¿De qué servía, se argumentaba, el uso de las señas sin habla? ¿No reduciría esto a los sordos, en la práctica, a relacionarse sólo entre ellos? ¿No debería enseñárseles más bien a hablar (y a leer los labios), para que se integraran plenamente con el resto de la población? ¿No deberían prohibírseles las señas, para que no obstaculizaran el aprendizaje del habla?[35]

35. Los viejos términos «sordo y mudo» o «sordomudo» aludían a la supuesta incapacidad de los mudos para hablar. Son, claro, perfectamente capaces de hablar, ya que tienen el mismo aparato vocal que los demás; lo que no pueden es oír lo que dicen ni controlar con el oído los sonidos que emiten. Sus mensajes verbales pueden ser, por ello, de amplitud y tono anormales, con omisión de muchas consonantes y de otros sonidos del habla, a veces hasta el punto de resultar ininteligibles. Al no tener la posibilidad de controlar auditivamente el habla, los sordos han de aprender a controlarla con otros sentidos: con la vista, el tacto, la sensibilidad a las

Pero hay otro aspecto del asunto que es preciso tener presente. Si la enseñanza del habla es ardua y ocupa docenas de horas por semana, sus ventajas podrían quedar anuladas por esos miles de horas que hay que restar a la instrucción general. ¿No podríamos tener como resultado final un analfabeto funcional con una mala imitación del habla como mucho? ¿Es «mejor» la integración o la educación? ¿Podríamos lograr ambas combinando habla y seña? ¿No produciría no lo mejor sino lo peor de ambas opciones cualquier combinación de este género?

Estos dilemas y debates de la década de 1870 parecen haber estado gestándose soterradamente a lo largo de un siglo de éxito; un éxito que podía considerarse, y que muchos consideraban, algo perverso, algo que conducía al aislamiento y la marginación.

Edward Gallaudet era, por su parte, un hombre de mentalidad abierta que había viajado mucho por Europa a finales de la década de 1860, y que había visitado escuelas de sordos de catorce países. Descubrió que la mayoría utilizaban la seña y el habla, ambas cosas, y que las escuelas que utilizaban lenguaje de señas obtenían resultados similares a las orales en la articulación del habla, pero superiores en la enseñanza general. Él creía que la capacidad de articular el habla, aunque

---

vibraciones y la cinestesia. Además, los sordos prelingüísticos no tienen ninguna imagen auditiva, ninguna *idea* de cómo suena en realidad el habla, de la correspondencia sonido-significado. Lo que es básicamente un fenómeno auditivo ha de captarse y controlarse por medios no auditivos. Esto plantea graves dificultades y puede exigir miles de horas de enseñanza individual.

Éste es el motivo de que las voces de los sordos pre y poslingüísticos sean en general muy distintas, e inmediatamente diferenciables; los sordos poslingüísticos *recuerdan* cómo se habla, aunque no puedan controlar ya fácilmente lo que dicen; a los sordos prelingüísticos hay que *enseñarles* a hablar, carecen de todo sentido o recuerdo de cómo suena el habla.

muy deseable, no podía ser la base de la enseñanza primaria, que ésta debía abordarse, y se lograba antes, mediante la seña.

Gallaudet era un hombre ecuánime, pero otros no lo eran. Proliferaban los «reformadores» (Samuel Gridley Howe y Horace Mann fueron ejemplos egregios) que clamaban por la desaparición de los asilos «anticuados» que utilizaban el lenguaje de señas y por la creación de escuelas orales «progresistas». La primera de estas instituciones fue la Escuela Clarke para Sordos de Northampton, Massachusetts, que se fundó en 1867. (Fue el modelo inspirador de la Escuela de Northampton de Inglaterra, que fundó al año siguiente el reverendo Thomas Arnold.) Pero la personalidad más importante e influyente entre los «oralistas» fue Alexander Graham Bell, que era además heredero de una tradición familiar de enseñanza de la declamación y de corrección de los trastornos del lenguaje (su padre y su abuelo habían destacado en estos campos), se hallaba vinculado a una mezcla familiar extraña de sordera negada (tanto su madre como su esposa eran sordas, pero no lo reconocieron nunca) y era, claro, un genio de la tecnología por derecho propio. Cuando puso todo el peso de su autoridad y su prestigio inmensos al servicio del oralismo, se inclinó por fin la balanza y en el tristemente célebre Congreso Internacional de Educadores de Sordos que se celebró en Milán en 1880, y en el que se excluyó de las votaciones a los maestros sordos, triunfó el oralismo y se prohibió «oficialmente» el uso del lenguaje de señas en las escuelas.[36]

36. Aunque los sordos han considerado a Bell una especie de ogro (George Veditz, que fue presidente de la Asociación Nacional de Sordos de los Estados Unidos, y un héroe para los sordos, decía que era «el enemigo más temible de los sordos estadounidenses»), debería tenerse en cuenta que en cierta ocasión dijo: «Creo que si considerásemos sólo la condición mental del niño sin referirnos al lenguaje, ningún lenguaje lle-

A los alumnos sordos les estaba prohibido utilizar su propio lenguaje «natural» y se les obligaba a aprender, como pudiesen, el lenguaje «antinatural» (para ellos) del habla. Y quizás esto se correspondiese con el espíritu de la época, su concepción presuntuosa de la ciencia como poder, de que había que imponerse a la naturaleza sin someterse nunca a ella.

Una de las consecuencias de esto fue que tenían que enseñar a los estudiantes sordos maestros oyentes y no maestros sordos como antes. La proporción de maestros sordos, que se aproximaba al 50 por ciento en 1850, descendió al 25 por ciento en el cambio de siglo, y era del 12 por ciento en 1960. El inglés se convirtió cada vez más en el idioma pedagógico para los sordos, y lo enseñaban profesores oyentes, entre los que cada vez eran menos los que conocían algún tipo de lenguaje de señas. Es decir, la situación que describe David Wright de su colegio en la década de 1920.

Nada de esto habría importado si el oralismo hubiese resultado eficaz. Pero el resultado fue, desgraciadamente, el contrario al previsto: se pagaba un precio intolerable por aprender a hablar. Los estudiantes sordos de la década de 1850, que habían estudiado en el Asilo de Hartford y en otras escuelas parecidas, tenían un nivel cultural alto y sabían leer y escribir con toda corrección, se hallaban en condiciones perfectamente equiparables a las de sus compañeros oyentes. Hoy sucede al contrario. El oralismo y la prohibición del lenguaje de señas han provocado un deterioro espe-

---

garía a la mente como el de señas; es el medio de llegar a la mente del niño sordo.» Conocía además el lenguaje de señas, en el que se expresaba «con fluidez [...] tan bien como un sordomudo [...] sabía utilizar los dedos con una facilidad y una gracia fascinantes», según su amigo sordo Albert Ballin. Ballin calificó también de «afición» el interés de Bell por los sordos, pero ese interés presenta, más bien, todos los rasgos de una obsesión violenta y conflictiva.

cífico del desarrollo cultural del niño sordo y de la enseñanza y la alfabetización de los sordos en general.[37]

Todos los profesores de personas sordas conocen estos hechos decepcionantes, pero es necesario interpretarlos. Hans Furth, psicólogo cuyo trabajo se relaciona con la cognición en los sordos, afirma que realizan igual que los oyentes las pruebas que sirven para medir la inteligencia sin necesidad de información previa.[38] Según él, los sordos congénitos padecen «carencia de información». Esto se debe a causas diversas. En primer lugar, están menos expuestos al aprendizaje «accidental» que se produce fuera del colegio, por ejemplo a ese zumbido de la conversación que constituye un telón de fondo de la vida normal; a la televisión, salvo que tenga subtítulos, etcétera. En segundo lugar, la enseñanza tiene un contenido más limitado en su caso que en el de los niños oyentes: se dedica tanto tiempo a enseñarles a hablar (hay que calcular entre cinco y ocho años de enseñanza intensiva) que queda poco para transmitir información, cultura, técnicas complejas o cualquier otra cosa.

Pero el deseo de que los sordos hablen, la insistencia en que lo hagan y las extrañas supersticiones que han existido siempre en torno al uso del lenguaje de señas, por no mencionar la enorme inversión en escuelas orales, permitieron que se fuese creando esta situación deplorable, que pasase prácticamente desapercibida, salvo para los sordos, que, como pasaban desapercibidos también ellos, tenían poco que decir al

---

37. Muchos sordos son hoy analfabetos funcionales. Un estudio que realizó la Universidad Gallaudet en 1972 indicaba que el nivel medio de lectura de los sordos de dieciocho años que terminaban la enseñanza secundaria en Estados Unidos era sólo el correspondiente a cuarto curso, y un estudio del psicólogo británico R. Conrad revela una situación similar en Inglaterra, donde los estudiantes sordos terminan la secundaria con el nivel de lectura de un niño de nueve años.

38. Furth, 1966.

respecto. Hasta la década de 1960 no empezaron a preguntarse los historiadores y los psicólogos, los padres y profesores de niños sordos: «¿Qué ha sucedido? ¿Qué *está* sucediendo?» Hasta los años sesenta y principios de los setenta no llegó al público esta situación a través de novelas como *In This Sign* (1970) de Joanne Greenberg, y más recientemente la magnífica obra de teatro (y película) *Hijos de un dios menor* de Mark Medoff.[39]

Existe una conciencia de que hay que hacer algo. ¿Pero qué? Resulta seductora, sin duda, la solución de compromiso, es decir el sistema «combinado», combinar seña y habla, que permitiría a los sordos dominar ambas. Se propone otro compromiso, que añade más confusión aún: un lenguaje intermedio entre el inglés y del lenguaje de señas (es decir, un inglés por señas). Este tipo de confusión se remonta a mucho tiempo atrás, se remonta a las «señas metódicas» de De l'Epée, que pretendían ser un intermedio entre el francés y el lenguaje de señas. Pero los verdaderos idiomas de señas son en realidad algo completo en sí: tienen una sintaxis, una gramática y una semántica completas, aunque con un carácter distinto del de las de cualquier idioma hablado o escrito. No es posible, por tanto, transliterar un idioma hablado en idioma de señas palabra por palabra o frase a frase: hay diferencias básicas en sus estructuras. Suele pensarse que el lenguaje de señas *es*, más o menos, inglés o francés y no es así: es lo que es, Seña. El «inglés por señas» que ahora se defiende como solución de compromiso es innecesario, pues no hace

39. Ha habido, claro, otras novelas, como *El corazón es un cazador solitario* (1940) de Carson McCullers. La imagen del señor Singer en este libro, un sordo aislado en un mundo de oyentes, es muy distinta de la de los protagonistas de la novela de Greenberg, que tienen viva conciencia de su identidad de sordos. En los treinta años transcurridos ha habido un cambio social inmenso, un cambio de perspectiva social, con la irrupción, sobre todo, de una autoconciencia nueva.

falta ningún pseudoidioma intermedio. Y sin embargo se obliga a los sordos a aprender las señas no para expresar las ideas y acciones que quieren expresar sino para que utilicen los sonidos fonéticos de un inglés que no pueden oír.

Aún sigue defendiéndose, de una forma u otra, el uso del inglés por señas en vez del ameslán. La enseñanza de los sordos, si se hace por señas, se efectúa mayoritariamente en inglés por señas; la mayoría de los maestros de sordos que saben alguna lengua de señas saben el inglés por señas y no el ameslán; y todos los pequeños camafeos que aparecen en las pantallas de televisión utilizan el inglés por señas y no el ameslán. Así pues, un siglo después del congreso de Milán, los sordos siguen privados en gran medida de su idioma natural.

¿Pero qué decir, sobre todo, del sistema mixto con el que los estudiantes no sólo aprenden a hablar por señas sino también a leer los labios y a hablar? Puede que sea factible, siempre que el sistema educativo tenga en cuenta qué facultades se ejercitan mejor en las diversas fases del desarrollo. La cuestión básica es ésta: que los sordos profundos no muestran ninguna disposición natural a hablar. Hablar es una técnica que hay que enseñarles y es tarea de años. Por otra parte, muestran una tendencia fuerte e inmediata a la seña que les es plenamente accesible por tratarse de un lenguaje visual. Esto es muy evidente en los sordos hijos de padres sordos que hablan por señas, que hacen sus primeras señas hacia los seis meses de edad y alcanzan a los quince un considerable dominio del idioma de señas.[40]

40. Aunque pueda haber un desarrollo anterior de un vocabulario de señas, el desarrollo de la gramática del lenguaje de señas se produce a la misma edad, y de la misma forma, que el aprendizaje de la gramática

El lenguaje debe transmitirse y aprenderse lo antes posible porque, si no, puede quedar permanentemente trastornado y retardado su desarrollo, con todos los problemas de «proposicionación» que analizaba Hughlings-Jackson. Esto en el caso de los sordos profundos sólo se puede hacer por señas. Por eso hay que diagnosticar la sordera lo antes posible.[41] Los niños sordos deben tener enseguida contacto y relación con personas que hablen con fluidez por señas, ya sean sus padres, profesores, o cualquier otra persona. Una vez que hayan aprendido a hablar por señas (y pueden hacerlo bien a los tres años) es cuando ha de seguir lo demás: un intercambio libre de inteligencias, una circulación libre de información, el aprendizaje de la lectura y la escritura y quizás del habla. No hay pruebas de que hablar por señas obstaculice el aprendizaje del habla. En realidad es más probable lo contrario.

¿Se ha considerado siempre, en todas partes, a los sordos «impedidos» o «inferiores»? ¿Han soportado siempre, deben

---

del habla. El desarrollo lingüístico se produce así al mismo ritmo en todos los niños, sordos u oyentes. Si aparecen las señas antes que la palabra se debe a que son más fáciles de hacer, pues entrañan movimientos de músculos más simples y lentos, mientras que el habla exige una coordinación rapidísima de centenares de estructuras distintas y sólo es posible en el segundo año de vida. Resulta intrigante, sin embargo, que un niño sordo de cuatro meses pueda hacer la seña de «leche», mientras un niño oyente sólo puede llorar o mirar en torno suyo. ¡Quizás fuese mejor que todos los niños conociesen unas cuantas señas!

41. Puede sospecharse la sordera por observación, pero no es fácil de probar en el primer año de vida. Por tanto, si hay algún motivo para sospechar sordera (por ejemplo, porque haya habido otros sordos en la familia o porque no haya reacción a ruidos súbitos), debería hacerse una prueba fisiológica de la reacción del cerebro al sonido (midiendo los llamados potenciales evocados auditivos). Esta prueba, relativamente simple, puede confirmar o desmentir el diagnóstico de sordera en la primera semana de vida.

soportar, la segregación y el aislamiento? ¿Podemos imaginar su situación de otra manera? ¡Ay, si existiera un mundo en que ser sordo no importase, y en el que todos los sordos pudieran gozar de integración y plenitud completas! Un mundo en el que ni siquiera se les considerase «impedidos» ni «sordos».[42]

Ese mundo existe, ha existido en el pasado y es el que nos describe un libro maravilloso y fascinante: *Everyone Here Spoke Sign Language: Hereditary Deafness on Martha's Vineyard*, de Nora Ellen Groce. En Martha's Vineyard, Massa-

42. Sicard imaginaba una comunidad de este tipo: «¿No podría haber en algún rincón del mundo toda una sociedad de personas sordas? ¡Entonces qué! ¿Pensaríamos que esos individuos eran inferiores, que carecían de inteligencia y de capacidad de comunicación? Tendrían, claro, un lenguaje de señas, quizás un lenguaje aún más rico que el nuestro. Ese lenguaje carecería al menos de ambigüedades, daría siempre una imagen exacta de las impresiones de la mente. ¿Por qué serían incivilizadas esas personas? ¿Por qué no podrían tener en realidad unas leyes, un gobierno y una policía menos recelosos que los nuestros?» (Lane, 1984b, pp. 89-90). Esta visión, tan idílica para Sicard, la imagina también (aunque como algo horrible) el igualmente hiperbólico Alexander Graham Bell, al que la experiencia de Martha's Vineyard (de la que se hablará más adelante) le indujo a escribir su *Memoir upon the Formation of a Deaf Variety of the Human Race*, 1883, que transpira miedo y está llena de sugeren-cias draconianas de «habérselas con» los sordos. Hay un indicio de ambos sentimientos (de lo idílico y de lo horrible) en un excelente relato de H. G. Wells titulado «El país de los ciegos».
    Los propios sordos han tenido también impulsos esporádicos de separatismo o «sionismo» sordo. Edmund Booth propuso en 1831 la creación de una comunidad o pueblo sordo y John James Flournoy, en 1856, la creación de un estado sordo en el oeste de los Estados Unidos. Y es una idea que aún sigue presente en la fantasía. Así Lyson C. Sulla, el héroe ciego de *Islay*, sueña con llegar a ser gobernador del estado de Islay y convertirlo en un estado «de y para» los sordos (Bullard, 1986).

chusetts, a causa de una mutación, de un gene recesivo debido a la endogamia, ha habido, desde la llegada de los primeros colonos sordos en la década de 1690, y a lo largo de doscientos cincuenta años, una forma de sordera hereditaria. A mediados del siglo XIX casi todas las familias del interior de la isla estaban afectadas, y en algunos pueblos (Chilmark, West Tisbury) el número de sordos había llegado a ser uno de cada cuatro. Debido a esto, toda la comunidad aprendía a hablar por señas, y había un intercambio libre y pleno entre oyentes y sordos. En realidad a los sordos apenas se les consideraba «sordos», y desde luego no se les consideraba en modo alguno impedidos.[43]

En las asombrosas entrevistas grabadas por Groce, los habitantes más viejos de la isla hablan largo y tendido, con animación y con afecto, de sus parientes, vecinos y amistades, sin mencionar siquiera si son sordos. Y sólo si se les pe-

---

43. Ha habido y hay otras comunidades aisladas con una incidencia elevada de sordera y con actitudes sociales extraordinariamente favorables a los sordos y su lenguaje. Éste es, por ejemplo, el caso de Isla Providence, en el Caribe, estudiado meticulosamente por James Woodward (Woodward, 1982) y descrito también por William Washabaugh (Washabaugh, 1986).

Puede que el caso de Martha's Vineyard no sea tan raro; quizás debamos suponer que ocurre lo mismo siempre que hay un número significativo de sordos en una comunidad. Hay una aldea aislada del Yucatán (la descubrió e hizo filmaciones en ella el etnógrafo y cineasta Hubert Smith y están estudiándola ahora lingüística y antropológicamente Robert Johnson y Jane Norman, de la Universidad de Gallaudet) en la que treinta adultos y un niño pequeño, de una población total de 400 individuos, son sordos congénitos. También allí usa el lenguaje de señas toda la población. Hay otros parientes sordos (primos, primos segundos, etc.) en pueblecitos próximos.

El lenguaje de señas del que se sirven no es un lenguaje de señas «doméstico», sino un lenguaje de señas maya, que tiene sin duda cierta antigüedad, porque resulta inteligible para todos estos sordos, pese a estar esparcidos por un territorio de centenares de kilómetros cuadrados, en

71

día en concreto ese dato hacían una pausa y decían: «Ahora que lo menciona usted, sí, Ebenezer *era* sordomudo.» Pero la sordomudez de Ebenezer nunca le había marginado, apenas se apreciaba incluso como tal: sólo se le había considerado, se le recordaba, como «Ebenezer» (amigo, vecino, pescador de doradas), no como un sordomudo especial, impedido y marginado. Los sordos de Martha's Vineyard amaban, se casaban, se ganaban la vida, trabajaban, pensaban y escribían como todos los demás..., no se diferenciaban en nada, salvo en que eran, en general, más cultos que sus vecinos, porque prácticamente todos los sordos de Martha's Vineyard iban a estudiar al Asilo de Hartford, y se les consideraba con frecuencia los más sagaces de la comunidad.[44]

Es muy curioso que los oyentes tendiesen a conservar el lenguaje de señas entre ellos después incluso de que muriese en 1952 el último isleño sordo, y no sólo para ocasiones especiales (contar chistes verdes, hablar en la iglesia, comuni-

---

poblaciones que no tienen prácticamente ningún contacto entre ellas. Es completamente distinto del lenguaje de señas del centro de México que se utiliza en Mérida y en otras ciudades, hasta el punto de que resultan mutuamente ininteligibles. La vida plena y bien integrada de los sordos rurales (en comunidades que les aceptan sin reservas y que se han adaptado a ellos aprendiendo a hablar por señas) contrasta notoriamente con el bajo nivel social, de información, educativo y lingüístico de los sordos «urbanos» de Mérida, que (tras años de escolarización inadecuada) sólo pueden dedicarse a la venta ambulante o quizás a conducir bicis-taxis. Esto demuestra lo bien que suele actuar la comunidad, mientras que el «sistema» lo hace mal.

44. La población de Fremont, California, además de su escuela ejemplar, brinda a los sordos unas oportunidades de trabajo sin parangón, así como un grado excepcional de consideración y de respeto por parte de ciudadanos y autoridades. La existencia de miles de sordos en una zona de Fremont ha dado origen a una situación bicultural y bilingüe fascinante, en la que se usan por igual el habla y la seña. En ciertas partes de la población se pueden ver cafés donde la mitad de los clientes hablan

carse de una embarcación a otra, etc.) sino en general. Se pasaban a él, involuntariamente, a veces en medio de una frase, porque el lenguaje de señas es «natural» para todo el que lo aprende (como primera lengua) y tiene una belleza intrínseca y una precisión que le hacen superior a veces al habla.[45]

Tanto me conmovió el libro de Groce que en cuanto lo terminé cogí el coche, sin más equipaje que un cepillo de dientes, una grabadora y una cámara: tenía que ver aquella isla encantada personalmente. Comprobé que algunos de los

---

y la otra mitad se comunican por señas, centros juveniles donde actúan sordos y oyentes, y competiciones atléticas en las que participan juntos. En este caso no sólo hay contacto, amistoso además, entre sordos y oyentes, sino una considerable fusión o difusión de dos culturas, de modo que muchos oyentes (sobre todo niños) han empezado a aprender a hablar por señas, en general sin proponérselo conscientemente, más por asimilación que por un aprendizaje deliberado. Vemos pues que, incluso allí, en una próspera población industrial del Silicon Valley, y en la década de 1980, puede resurgir la situación saludable de Martha's Vineyard. Hay un caso bastante similar en Rochester, Nueva York, donde asisten al Instituto Técnico Nacional para Sordos miles de estudiantes sordos, algunos de familias sordas.

45. Conocí recientemente a una joven, Deborah H., hija oyente de padres sordos, cuya lengua materna es la seña, que me explicó que vuelve con frecuencia a ella, y «piensa en señas», cuando tiene que resolver un problema intelectual complejo. El lenguaje no sólo tiene una función intelectual sino también social, y para Deborah, que oye y vive en un mundo oyente, la función social corresponde, de un modo perfectamente natural, al habla, pero la intelectual aún sigue asignada, al parecer, a la seña.

Addendum (1990): Arlow (1967), en un estudio psicoanalítico de un niño oyente hijo de padres sordos informa de una interesante disociación o duplicación de la expresión verbal y motora: «La comunicación mediante conducta motora se convirtió en una parte importante de la transferencia... Yo estaba recibiendo sin saberlo dos tipos de comunicación simultáneamente: uno con palabras, la forma ordinaria que tenía el paciente de comunicarse conmigo; el otro con gestos [señas], que era la forma como el paciente solía comunicarse con su padre. En otros mo-

habitantes de más edad aún conservaban el lenguaje de señas, les gustaba y lo usaban para hablar entre ellos. Mi primera experiencia fue absolutamente inolvidable. Paré delante de la vieja tienda general de West Tisbury una mañana de domingo y vi a media docena de ancianos que cotilleaban en el porche. Eran como cualquier grupo de ancianos, de vecinos, hablando... hasta que de pronto, sorprendentemente, se pusieron todos a hablar por señas. Estuvieron hablando por señas un minuto, riéndose, y luego volvieron al habla. Entonces me di cuenta de que había ido al sitio adecuado. Y hablando allí con una de las personas más ancianas del lugar descubrí otra cosa de gran interés. Aquella anciana, de noventa y tantos años pero aguda como la punta de un alfiler, se sumía a veces en un plácido ensueño. Y entonces parecía que estuviese tejiendo, movía las manos con un movimiento constante y complejo. Su hija, que hablaba también por señas, me explicó que no estaba tejiendo, que estaba pensando, que pensaba por señas. Y me explicó además que la anciana podía, dormida incluso, trazar sobre la colcha fragmentos de signos: soñaba por señas. Estos fenómenos no pueden considerarse meramente sociales. Es evidente que si una persona ha aprendido a hablar por señas como primera lengua, su mente/cerebro lo retendrá y lo utilizará el resto de su vida aunque puede utilizar también el oído y el habla sin problema. Esto me convenció de que la seña era un idioma básico del cerebro.

---

mentos de la transferencia los símbolos motores constituían una glosa al texto verbal que el paciente estaba transmitiendo. Contenían material suplementario que ampliaba o, más frecuentemente, contradecía lo que se estaba comunicando verbalmente. En cierto modo, estaba aflorando «material inconsciente» en la conciencia a través de la comunicación motora más que de la verbal.

CAPÍTULO SEGUNDO

Empecé a interesarme por los sordos (por su historia, su problemática, su lenguaje, su cultura) a raíz de que me enviaran unos libros de Harlan Lane para un comentario crítico. Me fascinaron en concreto las descripciones de sordos aislados que no habían podido aprender ningún tipo de lenguaje: sus deficiencias intelectuales evidentes y los trastornos en el desarrollo emotivo y social, igual de graves, que podía provocar la carencia de un auténtico lenguaje y de comunicación. ¿Qué es imprescindible, me pregunté, para que lleguemos a ser seres humanos plenos? ¿Lo que llamamos nuestra humanidad depende en parte del lenguaje? ¿Qué nos pasa si no logramos aprender ningún lenguaje? ¿Se desarrolla el lenguaje de modo espontáneo y natural o es preciso un contacto con más seres humanos?

Un medio (dramático) de investigar estos temas es el estudio de los seres humanos privados de lenguaje; y la privación del lenguaje, en la forma de afasia, es tema de importancia básica para el neurólogo desde la década de 1860: Hughlings-Jackson, Head, Goldstein y Luria escribieron sobre la afasia; también Freud escribió una monografía en la década de 1890. Pero la afasia es privación de lenguaje (por apoplejía u otro trastorno cerebral) en una mente ya forma-

75

da, en un individuo ya completo. Podría decirse que el lenguaje ha cumplido su cometido en este caso (si tiene un cometido que cumplir) en la formación de la mente y del carácter. Para investigar el papel fundamental del lenguaje no hay que estudiar su pérdida tras haberlo aprendido sino los casos en que no se ha aprendido siquiera.

Y me resultaba difícil, sin embargo, concebir el problema: yo tenía pacientes que habían perdido el lenguaje, pacientes con afasia, pero no podía concebir cómo podía ser lo de no haberlo aprendido jamás.

Hace dos años conocí en la Escuela Braefield para sordos a Joseph, un niño de once años que acababa de ingresar allí: un niño de once años con carencia total de lenguaje. Había nacido sordo, pero el hecho había pasado inadvertido hasta que tenía ya cuatro años cumplidos.[46] El que no hablase ni entendiese el habla a la edad normal se había atribuido a «retraso», y luego a «autismo», y estos diagnósticos habían persistido. Cuando se hizo evidente por fin que era sordo, le consideraron sordomudo y ni siquiera intentaron enseñarle un lenguaje.

Joseph estaba deseando comunicarse, pero no podía. Privado del habla, la escritura y el lenguaje de señas, sólo disponía de los gestos, de la mímica y de un talento muy notable

46. Es demasiado frecuente que no se detecte la sordera en la infancia, incluso tratándose de padres inteligentes, pendientes por lo demás de sus hijos, y debido a ello se diagnostica con retraso, cuando el niño no consigue aprender a hablar. Es también demasiado frecuente el diagnóstico de «idiota» o «retrasado» y puede persistir toda la vida. Muchas instituciones y grandes hospitales «mentales» suelen tener cierto número de pacientes sordos congénitos calificados de «retrasados» o «introvertidos» o «autistas» que pueden no ser nada de eso, pero que han sido tratados como tales, y privados de un desarrollo normal, desde la primera infancia.

para el dibujo. ¿Qué le ha pasado?, me preguntaba yo insistentemente. ¿Qué pasa por dentro, cómo ha llegado a esta situación? Daba la impresión de ser un niño vivaz y despierto, pero profundamente desconcertado: se le escapaba la vista hacia las bocas que hablaban y las manos que hacían señas, miraba nuestras bocas y manos inquisitivamente, sin entender y, a mi parecer, con avidez. Se daba cuenta de que «pasaba» algo entre nosotros, pero no podía entender qué era..., casi no tenía idea aún de la comunicación simbólica, de lo que era disponer de una moneda simbólica que permitiera intercambiar sentido.

Privado anteriormente de posibilidad (pues no había tenido contacto con lenguajes de señas) y disminuido en la motivación y en el afecto (sobre todo, sin el gozo que deberían haber aportado el juego y el lenguaje), Joseph empezaba justo por entonces a aprender un poco de lenguaje de señas, iniciaba una comunicación con los demás. Esto le proporcionaba, resultaba evidente, un gran gozo; quería estar en la escuela todo el día, toda la noche, todo el fin de semana, siempre. Era doloroso ver la pesadumbre con que abandonaba la escuela, pues volver a casa significaba para él volver al silencio, volver a un vacío de comunicación desolador, ya que no podía mantener ninguna conversación, ningún intercambio, con sus padres, vecinos y amigos. Significaba que le ignorarían, que volvería a no ser persona.

Esto era muy conmovedor, extraordinario, no tenía paralelo exacto en mi experiencia. Me recordaba en parte a un niño de dos años vibrando al borde del lenguaje..., pero Joseph tenía once, era como un niño de once años en casi todo lo demás. Me hacía pensar en parte, también, en un animal no verbal, pero ningún animal daba nunca aquella impresión de anhelar el lenguaje que daba Joseph. Recordé que Hughlings-Jackson comparó en cierta ocasión a los afásicos con los perros: pero los perros parecen seres completos y satisfechos aunque no posean lenguaje, mientras que el afásico tiene una sensación torturante de carencia. Y Joseph la tenía también: tenía una clara sensación angustiosa de que le faltaba algo, la sensación de la condición propia de impedido y de su deficiencia. Me recordaba a los niños salvajes, aunque evidentemente él no era un «salvaje» sino una criatura de nuestra civilización y nuestros hábitos... pero que estaba, pese a ello, radicalmente bloqueada.

Joseph no podía explicar, por ejemplo, cómo había pasado el fin de semana..., en realidad no podías preguntárselo, ni siquiera por señas: ni siquiera podía entender la idea de pregunta, y aún menos formular una respuesta. No era sólo el lenguaje lo que le faltaba: no había, era evidente, un sentido claro del pasado, de «ayer» como diferenciado de «hace un año». Había una extraña ausencia de sentido histórico, la sensación de una vida que carecía de dimensión histórica y autobiográfica, la sensación de una vida que no existía más que en el momento, en el presente.

La inteligencia visual de Joseph (la capacidad de resolver problemas y rompecabezas visuales) era bastante buena, y eso contrastaba de modo notorio con las dificultades terribles que tenía con problemas de carácter verbal. Sabía dibujar y le gustaba: hizo buenos bocetos de la habitación, disfrutaba dibujando a la gente; «entendía» los dibujos animados, «entendía» los conceptos visuales. Fue esto sobre todo lo que me dio la impresión de inteligencia, pero de una inteligencia predominantemente limitada a lo visual. Consiguió entender el tres en raya y se convirtió enseguida en un experto; me dio la impresión de que podría aprender fácilmente a jugar al ajedrez o a las damas.

Joseph veía, diferenciaba, categorizaba, utilizaba; no tenía problemas de generalización o categorización *perceptual*, pero no parecía capaz de ir mucho más allá, no podía retener en la mente ideas abstractas, reflexionar, jugar, planear. Parecía absolutamente literal, incapaz de mezclar imágenes o hipótesis o posibilidades, de acceder al ámbito de lo imaginativo o figurativo. Y aun así, pese a estas limitaciones manifiestas de la actividad intelectual, daba la impresión de una inteligencia normal. No carecía de mente, era que no la *utilizaba toda*.

Es evidente que el pensamiento y el lenguaje tienen orígenes (biológicos) muy diferenciados, que se examina y se cartografía el mundo y se reacciona frente a él mucho antes de que llegue el lenguaje, que hay una gama inmensa de pensamiento (en los animales y en los niños pequeños) mucho antes de que el lenguaje surja. (Nadie ha estudiado esto más admirablemente que Piaget, pero es evidente para cualquier padre... o cualquier amante de los animales.)

El ser humano no carece de mente, no es mentalmente deficiente, porque no disponga de lenguaje, pero se halla muy gravemente limitado en el ámbito de su pensamiento, confinado en realidad a un mundo inmediato, pequeño.[47]

47. ¿O lo es? William James, que siempre se interesó por la relación entre el pensamiento y el lenguaje, mantuvo correspondencia con Theophilus d'Estrella, un fotógrafo y pintor sordo de mucho talento, y publicó en 1893 una carta autobiográfica que le había escrito, junto con sus propias reflexiones sobre ella (James, 1893). D'Estrella era sordo de nacimiento y no empezó a aprender un lenguaje de señas convencional hasta los nueve años (aunque había utilizado desde la más temprana infancia un «lenguaje de señas casero»). Al principio, escribe: «Pensaba en cuadros y señas antes de ir a la escuela. Los cuadros no eran exactos en los detalles, sino generales. Eran instantáneos y pasaban fugaces ante los ojos de la mente. Las señas [caseras] no eran amplias sino bastante convencionales [pictóricas] al estilo mexicano [...] no se parecían en nada a los símbolos del lenguaje de los sordomudos.»

D'Estrella, aunque no poseía lenguaje, era claramente un niño curioso, imaginativo y reflexivo, y hasta contemplativo: creía que el mar era la orina del gran dios del mar y la luna una diosa del cielo. Todo esto pudo contarlo cuando empezó a asistir, a los diez años, a la Escuela California

Joseph estaba iniciándose en la comunicación, en el lenguaje, y eso le emocionaba muchísimo. La escuela había descubierto que aquel alumno no sólo necesitaba instrucción formal sino jugar con el lenguaje, juegos lingüísticos, igual que el niño pequeño que está aprendiendo a hablar. Se tenía

---

para Sordos y aprendió a hablar por señas y a escribir. D'Estrella estaba convencido de que *pensaba* extensamente, aunque en imágenes y cuadros, antes de aprender un lenguaje formal; que el lenguaje sirvió para «desarrollar» sus pensamientos pero que no había sido imprescindible para empezar a pensar. James llegaba a la misma conclusión: «Sus reflexiones cosmológicas y éticas fueron el fruto de su pensamiento solitario [...] No tenía, claro, gestos convencionales para las relaciones lógicas y causales implícitas en sus explicaciones sobre la luna, por ejemplo. Pero no hay duda, sin embargo, de que *su narración tiende a desmentir la idea de que no es posible el pensamiento abstracto sin palabras.* Tenemos aquí un tipo de pensamiento abstracto de una sutileza indiscutible, científica y moral a un tiempo, antes que los medios para comunicarlo a otros.» [La cursiva es mía.]

James pensaba que el estudio de sordos de este tipo podía ser de importancia decisiva para aclarar la relación entre el pensamiento y el lenguaje. (Hemos de añadir que algunos críticos y corresponsales de James expresaron su desconfianza sobre la veracidad del relato autobiográfico de D'Estrella.)

Pero ¿depende el pensamiento, todo pensamiento, del lenguaje? Podría parecer, ciertamente, si es que se puede confiar en referencias introspectivas, que el pensamiento matemático (quizás una forma muy especial de pensamiento) puede desarrollarse sin él. Roger Penrose, el matemático, analiza esto con cierto detalle (Penrose, 1989) y da ejemplos de su propia introspección, así como de referencias autobiográficas de Poincaré, Einstein, Galton y otros. Einstein, cuando le preguntaron sobre su propio pensamiento, escribió: «Las palabras o el lenguaje, tal como se escriben o se hablan, no parecen desempeñar ningún papel en el mecanismo de mi pensamiento. Las entidades psíquicas que parecen servir como elementos de éste son ciertos *signos* e *imágenes* más o menos claras [...] de tipo visual y algunas de tipo muscular. Las palabras y otros signos convencionales sólo hay que buscarlos, laboriosamente, en una segunda etapa.»

la esperanza de que empezara así a desarrollar el lenguaje y el pensamiento conceptual, a aprenderlo en el *acto* del juego intelectual. De pronto pensé en los gemelos que describía Luria, cómo habían estado tan «retrasados» en parte por su deficiente dominio del lenguaje y cómo mejoraron inmensa-

---

Y Jacques Hadamard, en *The Psychology of Mathematical Invention*, escribe: «Insisto en que las palabras están totalmente ausentes de mi mente cuando realmente pienso [...] e incluso después de leer u oír una pregunta desaparecen todas las palabras en cuanto empiezo a considerarla; y estoy completamente de acuerdo con Schopenhauer cuando escribe: "Los pensamientos mueren en cuanto se encarnan en palabras."»

Penrose, que es por su parte geómetra, llega a la conclusión de que las palabras son casi inútiles en el pensamiento matemático, aunque puedan ser muy adecuadas para otros tipos de pensamiento. No hay duda de que un jugador de ajedrez, un programador informático o un músico o un actor o un artista visual llegarían a conclusiones más o menos similares. Es evidente que el lenguaje, estrictamente considerado, no es el único vehículo o instrumento del pensamiento. Quizás necesitemos ampliar el campo del «lenguaje», de manera que abarque matemáticas, música, interpretación, arte..., todo tipo de sistema representativo.

Pero *¿pensamos* realmente con ellos? ¿Pensaba realmente en música Beethoven, el Beethoven del final? Parece improbable, aunque su pensamiento se articulase, y emitiese, en música y no pueda vislumbrarse o captarse más que *a través* de ella. (Fue siempre un gran formalista y por entonces llevaba veinte años sordo y auditivamente desconectado.) ¿Pensaba Newton en ecuaciones diferenciales cuando andaba «viajando solo por extraños mares del pensamiento»? También esto parece improbable, pero su pensamiento casi no puede entenderse más que *a través* de las ecuaciones. No pensamos, al nivel más profundo, en música o ecuaciones, ni, quizás ni siquiera los artistas verbales, tampoco en lenguaje. Schopenhauer y Vygotsky son ambos grandes artistas verbales cuyo pensamiento podría parecer inseparable de las palabras; pero ambos insisten en que está más allá de las palabras: «Los pensamientos mueren –escribe Schopenhauer– en el momento en que las palabras los encarnan.» «Las palabras mueren –dice Vygotsky– en cuanto alumbran el pensamiento.»

mente en cuanto pudieron dominarlo.[48] ¿Sería posible también eso en el caso de Joseph?

La propia palabra latina *infans*, niño pequeño, significa mudo, que no habla, y hay numerosos indicios de que la aparición del lenguaje entraña un cambio radical y cualitati-

---

Pero aunque el pensamiento trascienda el lenguaje y todas las formas de representación, las crea a la vez y las necesita para su desarrollo. Ha sido así en la historia humana y lo es en cada uno de nosotros. El pensamiento no es lenguaje ni simbolismo ni imágenes ni música... pero sin ellos puede morir, prematuramente, en la cabeza. Ésta es la amenaza que pesa sobre las personas como Joseph, D'Estrella, Massieu e Ildefonso; sobre los niños sordos o sobre cualquier niño al que no se dé pleno acceso al lenguaje y a otras formas e instrumentos culturales.

48. A. R. Luria y F. I. Yudovich estudiaron el caso de unos gemelos idénticos con un retraso lingüístico congénito (debido a problemas cerebrales, no a sordera). Estos gemelos, aunque de inteligencia normal, y hasta listos, actuaban de un modo muy primitivo, sus juegos eran repetitivos y nada originales. Les resultaba extremadamente difícil resolver problemas, concebir acciones complejas o planes; había, según Luria, «una estructura de conciencia peculiar, insuficientemente diferenciada, [con incapacidad] para diferenciar palabra y acción, para controlar la orientación, para planear actividades [...] para formular los objetivos de la actuación con ayuda del habla».

Cuando los separaron y cada uno de ellos aprendió un sistema de lenguaje normal, «toda la estructura de la vida mental de ambos cambió brusca y simultáneamente [...] y comprobamos que en sólo tres meses aparecían ya juegos significativos [...] la posibilidad de actividad constructiva productiva en función de objetivos formulados [...] operaciones intelectuales que poco antes estaban sólo en un estado embrionario [...]».

Todos estos «progresos decisivos» (la expresión es de Luria), progresos no sólo en la actividad intelectual de los niños sino en todo su yo, «sólo podíamos atribuirlos a la influencia del único factor que había cambiado: el aprendizaje de un sistema de lenguaje».

Luria y Yudovich dicen también lo siguiente sobre las deficiencias de los sordos sin lenguaje: «El sordomudo al que no le han enseñado a hablar [...] no dispone de todas esas formas de reflexión que se estructuran mediante el habla... Indica objetos o acciones con un gesto; es in-

vo de la naturaleza humana. Joseph, pese a ser un niño de once años bien desarrollado, activo, inteligente, seguía siendo aún en ese sentido *infans*, un niño pequeño, pues le estaba vedado ese poder, ese mundo, que desvela el lenguaje. Según Joseph Church:[49]

> El lenguaje abre nuevas perspectivas y nuevas posibilidades de aprendizaje y de actuación, controla y transforma las experiencias preverbales [...] El lenguaje no es sólo una función entre otras muchas [...] sino una característica omnipresente del individuo, hasta el punto de que éste se convierte en un *organismo verbal* (cuyas experiencias, acciones y concepciones pasan a modificarse todas de acuerdo con una experiencia verbalizada o simbólica). El lenguaje transforma la experiencia [...] A través del lenguaje [...] podemos iniciar al niño en un campo puramente simbólico de pasado y futuro, de lugares remotos, de relaciones ideales,

---

capaz de elaborar conceptos abstractos, de sistematizar los fenómenos del mundo externo con la ayuda de los signos abstractos que proporciona el lenguaje pero que no son propios de la experiencia visual que se adquiere con la práctica.» (véase Luria y Yudovich, 1968, sobre todo pp. 120-123.)

Es una lástima que Luria no tuviese, al parecer, ninguna experiencia con sordos que hubiesen aprendido a expresarse con fluidez en un lenguaje, pues nos habría proporcionado análisis insuperables sobre la adquisición de la capacidad de sistematizar y conceptualizar *con* el lenguaje.

Addendum (1990): He sabido recientemente que Luria, aunque nunca publicó nada sobre el tema, trabajó mucho durante la década de 1950 con niños sordos (y ciegos-sordos) y estudió el papel del lenguaje de señas en su educación y desarrollo. Esto constituye, en cierto modo, una vuelta a la «defectología», de la que él y Vygotsky habían sido adelantados en las décadas de 1920 y 1930, y en la que él profundizaría más tarde a través de sus trabajos de rehabilitación de los pacientes con lesiones neurológicas (véase nota 55, pp. 90-93).

49. Church, 1961, pp. 94-95.

de acontecimientos hipotéticos, de literatura fantástica, de entidades imaginarias que van desde los hombres lobo a los mesones pi... El aprendizaje de la lengua transforma al mismo tiempo al individuo de tal modo que adquiere capacidad para hacer cosas nuevas solo, o las viejas de una manera nueva. El lenguaje nos permite abordar las cosas con cierta distancia, influir en ellas sin manejarlas físicamente. En primer lugar, podemos influir en otras personas y en los objetos a través de las personas [...] En segundo, podemos manipular símbolos de un modo que no sería posible con las cosas que representan, y llegamos así a versiones de la realidad originales y hasta creadoras [...] Podemos reordenar verbalmente situaciones que por sí solas no permitirían reordenación [...] podemos aislar características que no pueden aislarse en realidad [...] podemos yuxtaponer objetos y acontecimientos muy separados en el espacio y en el tiempo [...] podemos, si queremos, darle la vuelta al universo simbólicamente.

Nosotros podemos hacer esto, pero Joseph no podía. Joseph no podía acceder a ese nivel simbólico que es patrimonio humano normal desde la más temprana infancia. Era como si estuviese encerrado en la percepción literal e inmediata, igual que un animal o un niño pequeño, anclado en el presente, pero con una conciencia de estarlo que no podía tener ningún niño pequeño.[50]

50. (1990): Hace poco, estando en Italia, conocí a un niño gitano de nueve años, Manuel, que había nacido sordo pero no había conocido nunca a otros sordos y que (debido a su vida errante de gitano) no había recibido ningún tipo de enseñanza. Carecía por completo de lenguaje, no hablaba lenguaje de señas ni italiano, pero era inteligente, afectuoso, emotivamente normal; sus padres y sus hermanos mayores le querían mucho y le confiaban tareas de todo tipo. Cuando ingresó en la escuela para sordos

Empecé a interesarme entonces por otros sordos que habían llegado a la adolescencia, y hasta a la edad adulta, sin lenguaje de ningún género. Había habido considerable número de ellos en el siglo XVIII: Jean Massieu fue uno de los más famosos. Massieu, sin lenguaje hasta casi los catorce años, pasó luego a ser alumno del abate Sicard y logró un éxito espectacular, llegando a ser elocuente en lenguaje de señas y en el francés escrito. Él mismo escribió una breve autobiografía, y Sicard un libro entero sobre él, en el que explica cómo se pudo «liberar» aquel individuo sin lenguaje y alcan-

---

de via Nomentana se dudaba de que a su edad pudiese llegar a adquirir una capacidad lingüística plena. Pero se ha desenvuelto brillantemente y en tres meses ha aprendido ya bastante lenguaje de señas y bastante italiano, le encantan los dos idiomas, le encanta comunicarse y está lleno de preguntas, de curiosidad y de vitalidad intelectual. Se ha desenvuelto mucho mejor que el pobre Joseph, cuyo aprendizaje del lenguaje ha sido lento y laborioso.

¿Por qué esa diferencia? Es evidente que Manuel es un chico muy inteligente y que Joseph tiene una inteligencia normal (pero no subnormal); sin embargo, y quizás sea lo decisivo, a Manuel le quisieron siempre, le hicieron participar, le *trataron como normal* siempre (formaba parte plenamente de su familia y de su comunidad, que le consideraban diferente pero no ajeno), mientras que a Joseph lo consideraban retrasado o autista, y lo trataban a menudo como si lo fuese. A Manuel nunca lo dejaban fuera, nunca se *sintió* marginado; no padeció, como Joseph, la sensación aniquiladora de alienación y aislamiento.

Este factor emotivo probablemente sea de gran importancia para determinar si tendrá éxito o no el aprendizaje del lenguaje cerca de la «edad crítica» o después de ella. Así, Ildefonso (p. 98) tuvo éxito, pero otros tres adultos sordos sin lenguaje que conoció Susan Schaller estaban tan dañados emotivamente por el aislamiento (y en un caso también la institucionalización) que se habían hecho retraídos e inaccesibles, *su actitud era contraria a la comunicación* y estaban ya cerrados a cualquier tentativa de aprendizaje de lenguaje formal.

zar una nueva forma de ser.[51] Massieu describe en esa autobiografía su período de formación en una granja con ocho
hermanos, cinco de ellos sordos de nacimiento como él:

> Permanecí en mi casa sin recibir ningún tipo de ins-
> trucción hasta los trece años y nueve meses. Era un analfa-
> beto total. Expresaba mis ideas con señas manuales y gestos
> [...] las señas que utilizaba para comunicar mis ideas a mi
> familia eran completamente distintas de las de los sordo-
> mudos instruidos. Los desconocidos no nos comprendían
> cuando expresábamos nuestras ideas por señas, pero nues-
> tros vecinos sí [...] Los niños de mi edad no jugaban con-
> migo, me menospreciaban, era como un perro. Pasaba el
> tiempo solo jugando con una peonza o un mazo y una pe-
> lota, o andando con zancos.

No está claro del todo cómo era la mente de Massieu,
dado que carecía de auténtico lenguaje (aunque está claro
que tenía abundante comunicación de tipo primitivo, con
las «señas domésticas» que habían ideado él y sus hermanos
sordos, que constituían un sistema gestual complejo, pero
sin apenas gramática).[52] Él cuenta lo siguiente:

51. La autobiografía de Massieu se incluye en Lane, 1984*b*, pp. 76-
80, donde aparecen asimismo fragmentos del libro de Sicard, pp. 83-126.
52. S. Goldin-Meadow y H. Feldman empezaron a filmar en vídeo
en 1977 a un grupo de niños preescolares sordos profundos que estaban
aislados, sin contacto con nadie que hablase por señas, porque sus padres
preferían que aprendiesen a hablar y a leer los labios (Goldin-Meadow y
Feldman, 1977). A pesar de este aislamiento y de que sus padres estimu-
laban vigorosamente el uso del habla, los niños empezaron a crear gestos (primero gestos aislados, luego cadenas de ellos) para designar personas, objetos y acciones. Lo mismo les pasó a Massieu y a otros en el siglo XVIII. Las señas «caseras» que ideó Massieu, y las que inventaron
estos niños preescolares aislados, son simples sistemas gestuales que pueden tener una sintaxis rudimentaria y una morfología de un carácter muy

Veía vacas, caballos, burros, cerdos, perros, gatos, hortalizas, casas, campos, vides, y después de ver todas estas cosas las recordaba bien.

También tenía conciencia de los números, aunque no tuviese nombres para ellos:

---

limitado; pero no efectuaron la transición, el salto a una sintaxis y una gramática plenas, como ocurre cuando se pone a un niño en contacto con el lenguaje de señas.

Hay datos similares sobre sordos adultos aislados. Hubo un sordo de este tipo en las Islas Salomón, el primero de veinte generaciones (Kuschel, 1973); también ellos inventan sistemas gestuales, con una morfología y una sintaxis muy simples, con los que pueden comunicar sus necesidades elementales y sus sentimientos a sus vecinos. Pero no pueden efectuar *por sí solos* el salto cualitativo de ese sistema gestual a un sistema lingüístico completo, plenamente gramaticalizado.

Se trata, como indican Carol Padden y Tom Humphries, de tentativas conmovedoras de inventar un lenguaje en el período de una vida. Y esto no puede hacerse fundamentalmente porque hace falta un niño, y el cerebro de un niño en contacto con una lengua natural, para crear y transmitir, para que se desarrolle, un lenguaje natural. Los lenguajes de señas son, por tanto, creaciones *históricas* cuya génesis exige dos generaciones como mínimo. La seña puede enriquecerse aún más, evolucionar, con varias generaciones, como en el caso de Martha's Vineyard, pero son *suficientes* dos generaciones.

Con el habla sucede lo mismo. Así, cuando se encuentran comunidades distintas y han de comunicarse, elaboran una lengua franca improvisada sin gramática. La gramática no aparece hasta la generación siguiente, cuando los niños se incorporan a la lengua franca de los padres, creando una lengua mixta rica y plenamente gramaticalizada. Ésa es al menos la tesis del lingüista Derek Bickerton (véase Restak, 1988, pp. 216-217). Así, Adán y Eva improvisarían señas pero carecerían de lenguaje; un verdadero lenguaje de señas gramatical sólo llegaría a formarse con sus hijos, Caín y Abel.

Parece indudable que el potencial gramatical se halla presente en el cerebro de todos los niños, y que surgirá y se plasmará en cuanto se le dé la menor oportunidad de hacerlo. Esto es evidente sobre todo en el caso

Antes de que se iniciara mi instrucción no sabía contar; me habían enseñado mis dedos. No conocía los números; contaba con los dedos y cuando tenía que contar más de diez hacía señales en un palo.

Y nos cuenta, muy conmovedoramente, cuánta envidia le daban los otros niños que iban a la escuela; cómo cogía los libros, pero no podía sacar nada en claro de ellos; y cómo probó a copiar las letras del alfabeto con una pluma de ave, convencido de que tenían que tener algún poder extraño, pero incapaz de asignarles sentido.

La descripción que hace Sicard de su educación resulta fascinante. Descubrió (como yo con Joseph) que el chico tenía gran agudeza visual; y empezó a dibujar objetos, pidiéndole que hiciese lo mismo. Luego, para introducirle en el lenguaje, escribía los nombres de los objetos en los dibujos. Al principio el alumno «se quedó muy desconcertado. No entendía cómo aquellas líneas, que no parecían retratar nada, podían representar objetos e identificarlos con tanta precisión y rapidez». Luego, de pronto, Massieu *entendió*, captó la idea de una representación abstracta y simbólica: «Comprendió en ese instante las ventajas y los inconvenientes de la escritura [...] que sustituyó a partir de entonces al dibujo, que quedó proscrito.»

Massieu pasó a entender que un objeto o una imagen podían representarse con un *nombre* y comenzó a sentir un

de los niños sordos que han permanecido aislados pero entran en contacto al fin, por una feliz casualidad, con el lenguaje de señas. En este caso basta incluso un contacto brevísimo con un lenguaje de señas plenamente gramaticalizado para que se inicie un cambio rápido e inmenso. Basta que tengan un atisbo del uso de sujeto/objeto o de la construcción de una frase para que se active la aptitud gramatical latente y se produzca una fulguración súbita y un paso muy rápido de un sistema gestual a un verdadero lenguaje. Ha de existir un grado excepcional de aislamiento para que no suceda así.

hambre intensa, terrible de nombres. Sicard describe maravillosamente los paseos que daban los dos y cómo Massieu
preguntaba y anotaba los nombres de todas las cosas:

> Recorrimos un huerto de frutales para poder nombrar
> todos los frutos. Recorrimos el bosque para diferenciar el ro-
> ble del olmo [...] el sauce del álamo [...] y luego seguimos así
> hasta identificar al resto de los habitantes del bosque [...] No
> parecía haber libretas y lápices suficientes para anotar todos
> los nombres con los que llené su diccionario, y su alma pare-
> cía expandirse y crecer con estas denominaciones innumera-
> bles [...] los recorridos de Massieu eran los de un terrate-
> niente que contempla por primera vez sus ricos dominios.

Sicard estaba convencido de que con el aprendizaje de
nombres, de términos para cada objeto, se había producido
un cambio radical en la relación de Massieu con el mundo.
Había pasado a ser como Adán: «Aquel recién llegado al
mundo era un extraño en sus propias tierras, que le eran res-
tituidas a medida que aprendía sus nombres.»

Si preguntamos: ¿Por qué quería todos esos nombres
Massieu? ¿O para qué los quería Adán, aunque estuviese solo
por entonces? ¿Por qué la posibilidad de nombrar proporcionaba a Massieu tanto gozo, expandía su alma y la hacía crecer?
¿De qué modo cambiaban las palabras su relación con las cosas que antes no tenían nombre, para que pasase a tener aquella impresión de que las poseía, de que se habían convertido
en su «dominio»? ¿Para qué se ponen nombres? Hay que decir
que es algo vinculado sin duda con el poder primordial de las
palabras: definir, enumerar, permitir el control y la manipulación; pasar del reino de los objetos y de las imágenes al mundo de los conceptos y de los nombres. Un dibujo de un roble
representa un árbol concreto, pero el nombre «roble» designa
la clase entera de los robles, una identidad general («roble-

dad») que se aplica a todos ellos. Por tanto, al ir aprendiendo los nombres mientras recorría el bosque, Massieu adquiría por primera vez una posibilidad de generalización capaz de transformar el mundo entero; de este modo, a los catorce años accedió al estado humano, pudo ver el mundo como su hogar, como «dominio» suyo, como no lo había visto jamás.[53]

L. S. Vygotsky escribe:[54]

> Una palabra no alude a un solo objeto, sino a un grupo o clase de objetos. Cada palabra es ya, por tanto, una generalización. La generalización es un acto verbal del pensamiento y refleja la realidad de un modo completamente distinto de la sensación y la percepción.

Y habla también del «salto dialéctico» de la sensación al pensamiento, salto para el que hay que lograr «una representación *generalizada* de la realidad, que es también la esencia del sentido de la palabra».[55]

53. Cuando Massieu nombra embelesado los árboles y otras plantas, se ayuda con ello a definirlas en categorías *perceptivas* únicas («¡Esto es un roble, esto es "robledad"!»), pero no a definirlas de un modo más *conceptual* («¡Ajá, una gimnosperma!» o «¡Ajá, otra crucífera!»). Y muchas de estas categorías «naturales» ya las conocía, claro. Era mucho más difícil con objetos que no le resultaban familiares, que no habían formado parte anteriormente de su mundo perceptivo. Esto se vislumbra ya en Massieu y es claramente visible en Víctor, el «niño salvaje». Vemos que cuando Itard, el maestro de Víctor, le enseña la palabra «libro» la interpreta en principio como referida a un libro *concreto*, y se produjo el mismo error con otras palabras que creyó que designaban un objeto concreto, no una categoría de objetos. Sicard le mostró imágenes al principio y luego le condujo a lo que Lévy-Bruhl llama en sus estudios del pensamiento primitivo «conceptos-imagen». Estos conceptos son necesariamente particulares, porque no podemos tener una imagen genérica.

54. Vygotsky, 1962, p. 5.

55. L. S. Vygotsky nació en Bielorrusia en 1896 y publicó siendo aún muy joven un libro notable sobre la psicología del arte. Luego se in-

Así pues, para Massieu lo primero fueron los sustantivos, los nombres, los nominales. Hacían falta los adjetivos calificativos, pero plantearon dificultades.

Massieu no esperó a los adjetivos, sino que empezó a hacer uso de nombres de objetos en los que hallaba la ca-

---

teresó por la psicología sistemática y en los diez años que precedieron a su muerte (murió de tuberculosis a los treinta y ocho) creó una obra insólita, que en opinión de sus contemporáneos (Piaget incluido) era de una originalidad excepcional, genial en realidad. Según él, el proceso de adquisición de la capacidad mental y lingüística no depende de un aprendizaje, en el sentido normal, ni surge epigenéticamente, sino que es social y mediato por naturaleza, brota de la interacción del adulto y el niño e interioriza el instrumento cultural del lenguaje para los procesos del pensamiento.

Su obra despertó grandes recelos entre los ideólogos marxistas y su libro *Thought and Language*, que se publicó póstumamente en 1934, fue prohibido y retirado de la circulación un par de años después, por «antimarxista», «antipavloviano» y «antisoviético». Su obra y sus teorías no pudieron ya mencionarse públicamente, pero sus discípulos y colegas las conservaron como un tesoro, sobre todo A. R. Luria y A. N. Leontev. Luria escribiría después que descubrir un genio como Vygotsky y llegar a conocerle fue el acontecimiento más trascendental de su vida, y consideró muchas veces su propia obra «sólo una continuación» de la de Vygotsky. *Thougth and Language* se reeditó (en ruso y en alemán) a finales de la década de 1950, principalmente por los valerosos esfuerzos de Luria, por lo que también se prohibieron sus obras y se vio forzado al «exilio interior» durante varios períodos.

La obra se publicó al fin en inglés en 1962, con una introducción de Jerome Bruner. Influyó decisivamente en la obra del propio Bruner; sus libros de la década de 1960 (sobre todo *Towards a Theory of Instruction*) tienen un tono marcadamente vygotskyano. La obra de Vygotsky se adelantaba tanto a su tiempo en los años 30 que uno de sus contemporáneos dijo de él que era «un visitante del futuro». Pero en los últimos veinte años se ha convertido en el soporte teórico de una serie de importantes estudios sobre el desarrollo del lenguaje y de los procesos mentales (y, por tanto, de la enseñanza) en el niño, entre los que se incluyen los de Schlesinger y los de los Woods, que se centran en niños sordos. Hasta

racterística destacada que quería señalar en otro objeto...
Para expresar la rapidez de uno de sus camaradas en una
carrera, decía: «Albert es *pájaro»;* para expresar fuerza decía: «Paul es *león»;* para expresar docilidad decía: «Deslyons
es *cordero».*

---

ahora, finales de los 80, no han empezado a ser asequibles en inglés las
obras completas de Vygotsky, publicadas de nuevo bajo la supervisión
general de Bruner.

Addendum (1990): Los ensayos completos de Vygotsky sobre «defectología», incluido su trabajo trascendental de 1925 sobre educación especial para los sordos, no se habían publicado hasta ahora en inglés (véase
Vygotsky, 1991, y Knox, 1989). Hemos de decir antes de nada que «defectología» no sólo es un término odioso sino equívoco, ya que de lo que
se trata no es de defectos o deficiencias sino precisamente de lo contrario, de adaptaciones, compensaciones (en realidad quizás debería llamarse «integrología»). Vygotsky se oponía con vehemencia a que se valorase
a los niños impedidos en función de sus defectos o carencias, sus «menos»; él los valoraba en cambio en función de su integridad, sus «más».
No los consideraba defectuosos sino diferentes: «Un niño impedido
constituye un tipo de desarrollo único, cualitativamente distinto.» Y
Vygotsky creía que era hacia esa diferencia cualitativa, hacia ese carácter
único, hacia donde había que enfocar cualquier proyecto educativo o re-
habilitativo: «Si un niño ciego o sordo alcanza el mismo grado de desarrollo que un niño normal –escribe–, entonces el niño con un defecto
consigue esto *de otra manera, por otra vía, por otros medios;* y para el pe-
dagogo es de especial importancia conocer el carácter único del camino
por el que debe conducir al niño. Este carácter único transforma el menos del impedimento en el más de la compensación.»

El desarrollo de funciones psicológicas superiores no es para Vygotsky
algo que se produzca «naturalmente», de modo automático, sino que requiere mediación, cultura, un instrumento cultural. Y el instrumento cultural más importante es el lenguaje. Pero los instrumentos culturales y los
lenguajes, añade, han sido hechos para las personas «normales», para el
que tiene intactos todos los órganos de los sentidos y las funciones sensoriales. ¿Qué será entonces lo mejor para la persona impedida, *diferente?* La
clave de su desarrollo será la compensación: el uso de un instrumento cultural alternativo. Así llega Vygotsky a la educación especial de los sordos:

Sicard permitió y fomentó esto en un principio, pero luego empezó, «de mala gana», a sustituir estas denominaciones por adjetivos («dócil» por «cordero», «tierno» por «tórtola»), y añade este comentario: «Le consolé por los bienes que le había robado [...] [explicando] que las palabras adicionales que le había enseñado eran [equivalentes] a las que le pedía que abandonara.»[56]

Los pronombres también plantearon problemas concretos. Al principio tomaba «él» por un nombre propio; confundía «yo» y «tú» (como suelen hacer los niños pequeños); pero finalmente consiguió entenderlo. Las proposiciones plantearon muchas dificultades, pero en cuanto consiguió entenderlas las asimiló con una rapidez fulminante, de manera que fue

---

el instrumento cultural alternativo es en su caso el lenguaje de señas; el lenguaje de señas que ha sido creado por ellos y para ellos. El lenguaje de señas recurre a las funciones que están íntegras, las visuales; es la forma más directa de llegar a los niños sordos, el medio más sencillo de propiciar su pleno desarrollo y el único que respeta su diferencia, su carácter único.

56. Kaspar Hauser, tras liberarse después de pasar años encerrado sin hablar con nadie en una mazmorra (se habla de él más adelante, en este mismo capítulo), mostró al principio una tendencia idéntica al uso de metáforas de este tipo, de una especie de poesía natural, ingenua e infantil [...] que su profesor, Von Feuerbach, le obligó a «abandonar». En la historia y en la evolución de muchos pueblos y de muchas culturas vemos que aparece al principio este lenguaje poético «primitivo» y que lo desplazan luego términos más analíticos y abstractos. Uno tiene a veces la impresión de que la pérdida puede ser mayor que la ganancia.

Lévy-Bruhl explica también que los tasmanianos «no tenían palabras para representar ideas abstractas [...] no podían expresar cualidades como duro, blando, redondo, alto, bajo, etcétera. Si querían decir duro decían: como una piedra; para decir alto, piernas grandes; redondo, como una bola, como la luna; y así sucesivamente, combinando siempre las palabras con gestos destinados a poner ante los ojos del interlocutor lo que estaban describiendo» (Lévy-Bruhl, 1966). Ante esto es inevitable recordar a Massieu, cómo aprendió el lenguaje, cómo decía «Albert es pájaro», «Paul es león», hasta que aprendió a usar adjetivos genéricos, o recurrió a ellos.

de pronto capaz (utilizando el término de Hughlings-Jackson) de «proposicionar». Las abstracciones geométricas (construcciones invisibles) fueron las más difíciles. A Massieu le resultaba fácil colocar agrupados objetos cuadrados, pero entender lo cuadrado como construcción geométrica, captar la *idea* de un cuadrado era una tarea completamente distinta.[57] Este logro concreto despertó el entusiasmo de Sicard: «¡Se ha alcanzado la abstracción! ¡Otro paso! ¡Massieu comprende las abstracciones!» Y añadía, lleno de optimismo: «Es una criatura humana.»

57. La adquisición por parte de Massieu de la *idea* de un cuadrado, a través de una palabra común, un símbolo de él, era (consciente o inconscientemente) la respuesta de Sicard a Hobbes. Pues Hobbes había afirmado, siglo y medio antes, que aunque una persona sorda pudiese deducir que los ángulos de un triángulo eran la suma de dos ángulos rectos, y hasta seguir la demostración de Euclides, no podría concebir eso como una proposición universal sobre triángulos porque carecía de una palabra o símbolo para «triángulo». Hobbes pensaba que los sordos, al carecer de nombres comunes, al carecer de lenguaje abstracto, no podían generalizar. Tal vez, dijo Sicard; pero si utilizaban nombres comunes, si utilizaban lenguaje abstracto, si utilizaban lenguaje de señas, podían generalizar tan bien como cualquiera. Uno recuerda, leyendo a Sicard, la teoría de las ideas y de la educación de Platón, sobre todo *Cratilo* y *Menón*. Platón dice que primero hemos de ver cuadrados o sillas reales (todo tipo de objetos con cuadraditud, o cualquier otra cualidad) y que sólo así puede llegar la idea de cuadraditud, el cuadrado ideal o arquetípico del que todos los demás son meras copias. En el *Menón* se introduce gradualmente a un joven inculto e ignorante, que no sabe nada de geometría, en las verdades de ésta, llevándole gradualmente a niveles de abstracción cada vez más altos, por medio de las preguntas de un maestro que se sitúa siempre un paso por delante de él y que, por la forma de sus preguntas, permite avanzar al alumno hasta su nivel. Para Platón, por tanto, el lenguaje, el conocimiento, la epistemología, son innatas; todo aprendizaje es básicamente «reminiscencia», pero ésta sólo puede darse con otra persona, con un mediador, en el marco de un diálogo. Sicard, un maestro nato, no *instruía* en realidad a Massieu; le ponía en marcha, le *educía*, por medio de un diálogo de ese género.

Varios meses después de ver a Joseph, releí por casualidad la historia de *Kaspar Hauser*, subtitulada «Historia de un individuo que permaneció encerrado en una mazmorra, sin comunicación alguna con el mundo, desde la más temprana infancia hasta la edad aproximada de diecisiete años».[58] Aunque la situación de Kaspar era muchísimo más extraña y extrema, me recordaba en cierto modo a Joseph. A Kaspar, un joven de unos dieciséis años, le descubrieron un día de 1828, en Nuremberg, dando traspiés por una calle abajo. Llevaba encima una carta que explicaba una pequeña parte de su extraña historia: Su madre (que había enviudado y no tenía dinero) le había entregado cuando tenía seis meses a un jornalero que tenía diez hijos. Por motivos que nunca se aclararon, este padre adoptivo tuvo encerrado a Kaspar en una bodega (estaba allí encadenado y sentado, no podía ponerse de pie), sin ninguna comunicación ni contacto humano, durante más de doce años. Cuando necesitaba asearse o cambiarse, aquel padre-carcelero le echaba opio en la comida y hacía lo que hubiese que hacer mientras Kaspar estaba inconsciente por los efectos de la droga.

Cuando «entró en el mundo» (Kaspar solía utilizar esta expresión para «referirse a su primera salida al exterior en Nuremberg, y su primer despertar a la conciencia de la vida mental»), comprendió enseguida que «existían hombres y otras criaturas» y empezó a aprender el lenguaje con bastante rapidez (tardó unos meses). Esta apertura al contacto humano, este

---

58. El informe original de Anselm von Feuerbach se publicó en 1832 y se tradujo al inglés (con el título de *Caspar Hauser)* en 1834. Ha sido tema de innumerables ensayos, artículos, libros; de una película de Werner Herzog; y de un brillante ensayo psicoanalítico de Leonard Shengold, en *Halo in the Sky*.

despertar al mundo de los significados compartidos, del lenguaje, produjo un despertar radiante y súbito de toda su mente y de su alma. Hubo un florecer y una expansión tremendos de potencias mentales: todo le causaba asombro y gozo, mostraba una curiosidad ilimitada, un interés ardiente por todo, fue como un «romance de amor con el mundo». (Este renacimiento, un nacimiento psicológico, en expresión de Leonard Shengold, no es más que una forma especial, exagerada, casi explosiva, de lo que sucede normalmente en el tercer año de la vida, con el descubrimiento y la irrupción del lenguaje.)[59] Kaspar mostraba al principio una capacidad de percepción y de memoria prodigiosas, pero eran una percepción y una memoria centradas sólo en detalles: parecía al mismo tiempo inteligente e incapaz de pensamiento abstracto. Pero a medida que fue dominando el lenguaje adquirió la capacidad de generalizar y pasó con ella de un mundo de innumerables detalles inconexos a un mundo inteligente, inteligible y relacionable.

Esta explosión súbita y exuberante del lenguaje y de la inteligencia es similar en lo fundamental a la que se produjo con Massieu: es lo que pasa con la mente y el alma si han estado encarceladas (sin haber sido destruidas del todo) desde la primera etapa de la vida y se les abren de pronto las puertas de la cárcel.[60]

59. Shengold, 1988.
60. Pero puede ser también que a veces no suceda esto. En 1970 apareció en California una niña salvaje, Genie; la había tenido encarcelada en casa su padre, un psicótico, y no le habían hablado desde la infancia (véase Curtiss, 1977). Pese a que la sometieron a una enseñanza intensiva, llegó a asimilar muy poco lenguaje, sólo aprendió una serie de términos para designar objetos corrientes, no adquirió la capacidad de formular preguntas y sólo lo más rudimentario de la gramática (véase p. 165). ¿Por qué a Kaspar le fue tan bien y a Genie tan mal? Puede que se debiese simplemente a que Kaspar había aprendido algo de lenguaje, la

Casos como el de Massieu debieron de ser muy frecuentes en el siglo XVIII, cuando la escolarización no era obligatoria, pero aún se producen de vez en cuando, hoy en día incluso, quizás en medios rurales aislados sobre todo, o si el niño ha sido víctima de muy pequeño de un diagnóstico erróneo y le ingresan en una institución.[61]

En noviembre de 1987, en concreto, recibí una carta sorprendente, de Susan Schaller, investigadora e intérprete de lenguaje de señas de San Francisco.[62]

---

competencia lingüística de un niño de tres años, antes de que le encerraran, mientras Genie había permanecido completamente aislada desde los veinte meses. La diferencia puede estar realmente en ese año de lenguaje, como indican los casos de niños que se han quedado sordos de pronto a los, digamos, treinta y seis meses en vez de a los veinticuatro.

61. En enero de 1982 un tribunal del estado de Nueva York otorgó dos millones y medio de dólares a un muchacho sordo de 17 años al que habían diagnósticado como «idiota» a los 2 años de edad e ingresado en una institución para retrasados mentales, donde permaneció hasta que tuvo casi 11 años. A esa edad le trasladaron a otra institución, en la que un examen psicológico de rutina reveló que tenía «como mínimo una inteligencia normal». Nos informa de esto Jerome D. Schein (Schein, 1984). Es posible que estos casos sean bastante más frecuentes de lo que imaginamos. *The New York Times* (11 de diciembre de 1988, p. 81) informaba de otro casi idéntico.

Addendum (1990): Aunque parezca increíble tales errores pueden darse también en la edad adulta. Muy recientemente vi en un hospital psiquiátrico donde trabajo a un hombre que se había quedado sordo a los treinta y ocho años de edad por un ataque de meningitis. Se había encontrado de pronto con que era incapaz de oír, incapaz de entender lo que los otros le decían. Vio a varios médicos, ninguno de los cuales se molestó realmente, al parecer, en escucharle o en examinar su situación. Uno de ellos le diagnosticó esquizofrenia; otro, retraso mental. En cuanto pasé un rato con él y le hice preguntas por escrito, se hizo evidente que no había ninguna de las dos cosas... y que no necesitaba estar hospitalizado sino en una escuela.

62. Con permiso de Schaller, estoy citando de esta y otras cartas, así como de un libro de próxima edición (Schaller, 1991).

Estoy redactando [decía Schaller] un informe sobre cómo logró aprender su primer lenguaje un sordo prelingüístico de veintisiete años. Nació sordo y no había tenido relación con lenguaje alguno, ni siquiera con el de señas. Este individuo, que no se había comunicado jamás con otro ser humano en sus veintisiete años de vida (salvo para expresar cosas concretas y funcionales a través de gestos), sobrevivió sorprendentemente a su régimen de «confinamiento solitario» sin que se desintegrase su personalidad.

Ildefonso había nacido en una granja del sur de México; él y un hermano sordo congénito eran los únicos sordos de la familia y de la comunidad y no recibieron instrucción ni tuvieron contacto con ningún lenguaje de señas. Ildefonso trabajó como jornalero emigrante, cruzando varias veces la frontera de los Estados Unidos con varios parientes. Aunque de buen carácter, era un individuo básicamente aislado, ya que apenas podía comunicarse con otro ser humano (sólo por gestos). La primera vez que lo examinó Schaller parecía despierto y activo, pero temeroso y confuso, y daba una impresión de anhelo y de búsqueda, algo que yo había percibido también en Joseph. Era, como Joseph, muy observador («se fija en todo y en todos»), pero observaba, digamos, desde fuera, subyugado por el mundo interior del lenguaje pero sin poder desvelar su misterio. Cuando Schaller le preguntó por señas su nombre, él se limitó a copiar la seña; era todo lo que podía hacer al principio, pues no tenía ni idea de qué *era* una seña.

Schaller siguió con la repetición de movimientos y sonidos, para intentar enseñarle a hablar por señas, pero él no caía en la cuenta de que tenían «contenido», un significado; daba la impresión de que quizás no llegase a superar jamás aquella «ecolalia mimética», a acceder al mundo del pensamiento y el lenguaje. Y luego, de pronto, un día, inesperadamente, lo consiguió. El primer paso se dio en esta ocasión a través de los números, que le dejaron de pronto fascinado. Entendió de pronto lo que eran, cómo utilizarlos, su *sentido;* y esto provocó una especie de explosión intelectual en la que asimiló en unos días los principios básicos de la aritmética. Aún no había ninguna noción de lenguaje (quizás el simbolismo aritmético no sea un lenguaje, no es denotativo en el mismo sentido en que lo son las palabras). Pero el aprendizaje de los números, las operaciones mentales de la aritmética, pusieron su inteligencia en movimiento, crearon una zona de orden en el caos y le llevaron por primera vez a cierto tipo de comprensión y de esperanza.[63]

El verdadero descubrimiento se produjo al sexto día, después de cientos y miles de repeticiones de palabras, en especial de la seña correspondiente a «gato». De pronto dejó

63. Cuando me puse a escribir sobre dos gemelos que eran calculadores prodigiosos («Los gemelos», Sacks, 1985) y sobre su extraordinaria facilidad para el cálculo, hube de preguntarme si no podría haber en sus cerebros «una aritmética profunda del tipo de la que describe Gauss... tan innata como la sintaxis profunda y la gramática generativa de Chomsky». Cuando supe que Ildefonso había entendido los números de pronto, que había «visto» de pronto las normas aritméticas, pensé inevitablemente en los gemelos, y me pregunté si no poseería él también una aritmética innata, orgánica, activada de pronto, o liberada, por un estímulo numérico.

De hecho, Schaller me escribió posteriormente para hablarme de un sordo prelingüístico sin lenguaje, de cincuenta y cuatro años, que tenía, sin embargo, una gran capacidad para la aritmética y poseía un manual elemental de ella que estimaba muchísimo y del que sólo podía leer los ejemplos y los signos aritméticos. Este hombre, que doblaba en edad a Ildefonso, consiguió aprender el lenguaje de señas a los sesenta y tantos años: Schaller se pregunta si no habría contribuido a hacerlo posible su competencia aritmética.

Una competencia aritmética de este tipo podría quizás servir como modelo, o primordio, para el desarrollo de una competencia lingüística inmediatamente (o mucho) después, facilitando una capacidad chomskyana que aflorase la otra.

de ser sólo un movimiento que debía imitar, y se convirtió en un signo preñado de sentido, que podía usarse para simbolizar un concepto. Este momento de comprensión fue profundamente emocionante y produjo otra explosión intelectual, esta vez no de algo puramente abstracto (como los principios de la aritmética) sino del significado y el sentido del mundo:

> Tensa y dilata los rasgos de la cara lleno de emoción [...] despacio al principio, luego con avidez, lo va captando todo, como si no lo hubiese visto jamás: la puerta, el tablero de anuncios, las mesas, las sillas, los estudiantes, el reloj, el encerado verde y a mí... Ha entrado en el universo de la humanidad, ha descubierto la comunión de inteligencias. Sabe ya que él y un gato y la mesa tienen nombre.

Schaller compara el «gato» de Ildefonso con el «agua» de Helen Keller: la primera palabra, la primera seña, que conduce a todas las demás, que libera la inteligencia y la mente encarceladas.

Este momento y las semanas siguientes fueron para Ildefonso un período de concentración en el mundo con una atención nueva subyugada, un despertar, un nacer al mundo del pensamiento y del lenguaje, después de décadas de mera existencia perceptiva. Los dos primeros meses fueron sobre todo (lo mismo que para Massieu) meses de nombrar, de definir el mundo y relacionarse con él de un modo completamente nuevo. Pero persistían, como en el caso de Kaspar Hauser, problemas terribles: parecía sobre todo, dice Schaller, «incapaz de entender los conceptos de tiempo, unidades temporales, tiempos verbales, relaciones cronológicas y la simple idea de medir el tiempo como acontecimientos... Tardó meses en aprenderlo», y sólo lo logró a través de un proceso gradual. Actualmente (han pasado ya varios años) Ildefonso domina razonablemente el lenguaje de señas, ha conocido a otros sordos que hablan por señas y se ha integrado en su comunidad lingüística. Al hacerlo ha adquirido «un nuevo yo», como decía Sicard de Massieu.

Joseph e Ildefonso, en su situación de carencia absoluta de lenguaje, son casos extremos, pero ilustrativos: los sordos prelingüísticos aprenden prácticamente todos *algún* lenguaje en la infancia, aunque con frecuencia tarde y de un modo notoriamente deficiente. Hay una gama inmensa de competencia lingüística en los sordos. Joseph e Ildefonso representan un extremo de ese espectro. Me resultó imposible hacerle una pregunta a Joseph, y este tipo de deficiencia lingüística puede estar bastante extendido entre los niños sordos, hasta en los que poseen cierto dominio del lenguaje de señas. He aquí un comentario clave de Isabelle Rapin:[64]

Al hacerles preguntas a los niños [sordos] sobre lo que acababan de leer, comprobé que muchos de ellos tienen una deficiencia lingüística sorprendente. No poseen ese instrumento lingüístico que proporcionan las formas interrogativas. No es que no conozcan la respuesta a la pregunta, es que no entienden la pregunta... Le pregunté a un niño: «¿Quién vive en tu casa?» (Le tradujo la pregunta en lenguaje de señas su profesora.) El niño se quedó sin saber qué decir. Luego vi que la profesora convertía la pregunta en una serie de frases declarativas: «En tu casa tú, mamá...» Se le iluminó la cara con una expresión de comprensión súbita y me hizo un dibujo de su casa con todos los miembros de la familia, incluido el perro... Comprobé una y otra vez que los profesores vacilaban en general al hacer

64. Rapin, 1979, p. 210.

preguntas a sus alumnos, y solían expresar dudas en frases incompletas en las que los niños podían llenar los huecos.

Esa gran carencia de los sordos no es sólo una carencia de formas interrogativas (aunque la falta de formas interrogativas, como dice Rapin, sea especialmente perniciosa, porque desemboca en una falta de información), es una carencia de técnicas lingüísticas, e incluso de competencia en el dominio del lenguaje, muy característica de los escolares sordos prelingüísticos, una carencia tanto léxica como gramatical. Me sorprendió que el vocabulario de muchos de los niños que vi en la escuela de Joseph fuera tan limitado. Su ingenuidad, la especificidad característica de su pensamiento, sus dificultades para la lectura y la escritura y su ignorancia del mundo, una ignorancia inconcebible en un niño de inteligencia normal con capacidad auditiva. En realidad, primero pensé que *no* tenían una inteligencia normal, que padecían alguna deficiencia mental concreta adicional. Y sin embargo, me lo aseguraron y lo confirmaron mis observaciones, no eran niños deficientes mentales en el sentido habitual del término; su inteligencia tenía el mismo alcance que la de los niños normales, pero algo la estaba minando, si no toda, sí algunos aspectos de ella. Y no sólo la inteligencia: muchos de aquellos niños eran pasivos o tímidos, carecían de espontaneidad, de confianza en sí mismos, de soltura social..., parecían menos activos, menos juguetones de lo que debían ser.

La visita a la escuela de Joseph, en Braefield, me decepcionó. La propia escuela es, como Joseph, en algunos sentidos, un caso extremo (aunque en otros se aproxime inquietantemente a la media). La mayoría de los niños eran de familias muy humildes, con pobreza, paro y desarraigo además de sordera. Y, sobre todo, Braefield no es ya un internado; los niños tienen que irse al terminar las clases, tienen que volver a hogares donde los padres no pueden comunicarse con ellos, donde no pueden entender una televisión sin subtítulos; donde no pueden obtener información esencial sobre el mundo.

Y la verdad es que otros colegios me han producido una impresión completamente distinta. Así, en la Escuela California para Sordos, de Fremont, muchos de los alumnos tienen un nivel razonable en cuanto a lectura y escritura, casi similar al de los estudiantes oyentes, mientras la media de los alumnos de la escuela de Braefield sólo alcanza al finalizar los estudios, más característicamente, un nivel de lectura y escritura correspondiente a un cuarto curso. Muchos niños de Fremont poseen un vocabulario más amplio, hablan bien por señas, tienen mucha curiosidad y hacen muchas preguntas. Hablan (o más bien hacen señas) plena y libremente, tienen una sensación de confianza en sí mismos y de capacidad que apenas se ve en Braefield. No me sorprendió que me dijeran que su rendimiento académico es excelente (mucho mejor que el del sordo medio escolarmente retrasado).

Parece que intervienen en esto muchos factores. Los niños de Fremont proceden, en general, de medios y hogares más estables. Un porcentaje relativamente alto de profesores son también sordos: Fremont es una de las pocas escuelas de los Estados Unidos que sigue la política de contratar profesores sordos; estos profesores no sólo son hablantes por señas natos sino que pueden transmitir a los niños la cultura sorda y una imagen positiva de la sordera. Hay, además y por encima de la escolarización formal (y en esto es en lo que se diferencia tan espectacularmente de lo que vi en Braefield), una comunidad de niños que viven juntos, que hablan por señas entre ellos, que juegan juntos, que comparten vidas y significados. Hay, por último, en Fremont, una proporción excepcionalmente alta de hijos de padres sordos (el porcentaje general es de menos de un 10 por ciento del total de niños sordos). Estos niños, al aprender el lenguaje de señas como su lengua natural, nunca han conocido la tragedia de la incomunicación con sus padres que suelen padecer los sordos profundos. Estos niños para los que hablar por señas es algo natural son, en un internado, los principales introductores de los hijos sordos de padres oyentes en el mundo sordo y en su lenguaje; se da así en mucho menor grado ese aislamiento que tanto me impresionó en Braefield. Si a algunos niños sordos les va mucho mejor que a otros, a pesar de padecer la sordera más profunda, no puede ser la sordera en sí la causa del problema sino más bien ciertas *consecuencias* de ella; sobre todo dificultades o distorsiones de la vida comunicativa que actúan desde el principio. Sería absurdo decir que Fremont representa la media; desgraciadamente es Braefield la que da una mejor imagen de la situación media de los niños sordos: pero Fremont demuestra que, en circunstancias ideales, los niños sordos pueden conseguirlo; y demuestra que no es su capacidad intelectual o lingüística innata la que tiene la culpa, sino los obstáculos que impiden un normal desarrollo de esa capacidad.

La visita que hice a la Escuela Lexington para Sordos de Nueva York fue otra experiencia diferente. Los alumnos que vi, aunque no eran de un medio tan pobre como los de Braefield, carecían de las ventajas especiales de que disfrutaban los de Fremont (es decir, una elevada proporción de padres sordos y una gran comunidad sorda). Pude ver, sin embargo, muchos adolescentes sordos (prelingüísticos) que habían sido, según sus profesores, niños sin lenguaje o lingüísticamente incompetentes en la infancia, y que se desenvolvían muy bien, que estudiaban física o creación literaria, por ejemplo, con resultados similares a los de los estudiantes oyentes. Estos niños habían estado incapacitados y habían corrido grave peligro de incapacidad intelectual y lingüística permanente, pero aun así habían llegado a conseguir (mediante una enseñanza intensiva) un buen control del lenguaje y buena comunicación.

Los casos de Joseph y de Ildefonso, y de otros como ellos, nos transmiten una sensación de peligro: de ese peligro especial que amenaza al desarrollo humano, tanto intelectual como emotivo, cuando no se aprende el lenguaje adecuadamente. En casos extremos puede haber un fracaso absoluto en el aprendizaje, una incomprensión total de la idea de lenguaje. Y el lenguaje, como nos recuerda Church, no es sólo una facultad o una técnica más, sino lo que hace posible el pensamiento, lo que diferencia lo que es pensamiento de lo que no lo es, lo que diferencia lo humano y lo no humano.

Nadie puede recordar cómo «aprendió» el lenguaje; la descripción de San Agustín es un hermoso mito.[65] No nos vemos obligados, como padres, a «enseñar» el lenguaje a nuestros hijos; lo aprenden, o parecen aprenderlo, de un modo casi automático, por el hecho de ser niños, nuestros hijos, y por los contactos comunicativos que tenemos con ellos.

65. «Y cuando en correspondencia de alguna palabra que habían dicho se movían corporalmente hacia alguna cosa, lo veía y observaba, y entonces conocía que aquella cosa se nombraba con aquella misma voz que ellos habían pronunciado, cuando querían mostrarla o significarla. Se conocía que ellos querían esto por las acciones y movimientos del cuerpo, que son como palabras naturales y lenguaje del que usan todas las naciones, y se forman, ya con todo el rostro, ya con los ojos solamente, ya con otras señas de los demás miembros del cuerpo, y ya finalmente con el sonido de la voz: con cuyas señas y acciones dan a entender las afecciones del alma en orden a pedir, retener, desechar, huir o aborrecer estas o aquellas cosas. De este modo iba yo aprendiendo poco a poco muchas palabras en varias sentencias y proposiciones que oía, puestas y colocadas en sus propios y correspondientes lugares, y oyendo unas mismas palabras muchas veces, iba aprendiendo lo que significaban. Finalmente, adiestrándose mis labios y lengua en formar aquellas mismas palabras, conseguí explicar con ellas los deseos de mi voluntad» (*Confesiones* I: 8, traducción de Eugenio Ceballos, p. 29, Espasa-Calpe, col. Austral, Madrid, 1954). Wittgenstein comenta: «Agustín describe el aprendizaje del len-

Suele establecerse una diferenciación entre gramática, significados verbales e intención comunicativa (sintaxis, semántica y pragmática del lenguaje), pero, como nos recuerda Bruner, entre otros, estos elementos van siempre unidos en el aprendizaje y el uso de la lengua; y lo que debemos estudiar, por tanto, no es el lenguaje sino el *uso* del lenguaje. El *primer* uso del lenguaje, la primera comunicación, suele darse entre madre e hijo, y el lenguaje se aprende, surge, *entre* los dos.

Nacemos con nuestros sentidos; son «naturales». Podemos adquirir habilidades motoras solos, claro. Pero no podemos aprender el lenguaje solos: *esta* habilidad corresponde a una categoría única. Es imposible aprender el lenguaje sin cierto potencial básico innato, pero ese potencial sólo puede activarlo otra persona que tenga ya competencia y capacidad lingüísticas. El lenguaje sólo se aprende por transacción (o, como diría Vygotsky, «negociación») con otro. (Wittgenstein habla en sus obras de forma general de los «juegos del lenguaje» que hemos de aprender todos, y Brown del «juego de palabras original» que practican la madre y el hijo.)

La madre, o el padre, o el maestro, o en realidad cualquiera que hable con el niño, va llevándole paso a paso a niveles de lenguaje superiores; le conduce al lenguaje, y a la imagen del mundo que hay encarnada en ese lenguaje (que es la imagen del mundo de *ella*, porque es su lenguaje; y, además, la imagen del mundo y de la cultura a la que ella pertenece). La madre ha de estar siempre un paso por delante, en lo que Vygotsky llama la «zona de desarrollo proximal»; el

---

guaje humano como si el niño entrase en un país extraño y no comprendiese el lenguaje del país; es decir, como si tuviese ya un lenguaje, aunque no ése. O también: como si el niño pudiese ya pensar, pero no hablar. Y "pensar" significaría aquí algo así como "hablar consigo mismo".» *(Philosophical Investigations: 32).*

niño no puede penetrar en la etapa siguiente, ni concebirla, si no la ocupa y se la comunica su madre.

Pero las palabras de la madre y el mundo que hay tras ellas no tendrían ningún sentido para el niño si no se correspondiesen con algo de su propia experiencia. El niño tiene una experiencia independiente del mundo que le proporcionan los sentidos, y esto es lo que establece una correlación o confirmación del lenguaje de la madre, y cobra significado, a su vez, a través de él. Es el lenguaje de la madre, interiorizado por el hijo, lo que permite a éste pasar de la sensación al «sentido», elevarse de un mundo perceptivo a un mundo conceptual.

La interrelación social y emotiva, y la intelectual también, se inician ya el primer día de vida.[66] A Vygotsky le inte-

---

66. Los aspectos cognitivos de este intercambio preverbal los han estudiado sobre todo Jerome Bruner y sus colegas (véase Bruner, 1983). Para Bruner los modelos y arquetipos generales de todas las interacciones verbales, los diálogos que se producirán en el futuro se hallan en las interacciones y «conversaciones» preverbales. Según él, si estos diálogos preverbales no se producen, o no se producen de la forma adecuada, se prepara el escenario para graves problemas en el intercambio verbal posterior. Esto es exactamente, claro está, lo que les puede pasar (y les pasa, si no se toman medidas preventivas) a los niños sordos, que no pueden oír a sus madres ni pueden captar los sonidos de las primeras comunicaciones preverbales de éstas.

David Wood, Heather Wood, Amanda Griffith e Ian Howarth, en su estudio a largo plazo de niños sordos, insisten mucho en esto (Wood *et al.*, 1986). Dicen lo siguiente: «Imaginemos un bebé sordo que no tiene ninguna conciencia del sonido o muy poca... Cuando mira un objeto u observa un acontecimiento, no capta nada de "la música de fondo" que acompaña la experiencia del bebé oyente. Supongamos que aparta la vista de un objeto en el que se había fijado para mirar a un adulto que está compartiendo la experiencia con él y el adulto habla de lo que acaba de ver. ¿Se da cuenta siquiera el bebé de que se está produciendo comunicación? Para descubrir las relaciones entre una palabra y su referente el bebé sordo tiene que recordar algo que acaba de ver y relacionar ese re-

resaban muchísimo estas etapas prelingüísticas y preintelec-
tuales de la existencia humana, pero le interesaban sobre todo
el lenguaje y el pensamiento y cómo se unen en el desarrollo
del niño. Vygotsky nunca olvida que el lenguaje es siempre, y
al mismo tiempo, social e intelectual en su función; ni olvida
en ningún momento la relación de la inteligencia con el afecto, que toda comunicación, todo pensamiento es también
emotivo y refleja «los intereses y necesidades personales, las
inclinaciones e impulsos» del sujeto.

El corolario de todo esto es que si la comunicación falla,
ese fallo afectará al desarrollo intelectual, al intercambio social, a la formación del lenguaje y a las actitudes emotivas, a

---

cuerdo con otra observación... El bebé sordo tiene que hacer mucho
más, tiene que "descubrir" las relaciones entre dos experiencias visuales
muy distintas separadas en el tiempo.»

Ellos creen que estas y otras importantes consideraciones pueden dar
origen a importantes problemas comunicativos mucho antes del desarrollo del lenguaje.

Los niños sordos de padres sordos tienen grandes posibilidades de
ahorrarse estas dificultades de relación, pues sus padres saben demasiado
bien por propia experiencia que toda comunicación, todo juego, debe ser
visual, y en concreto que la «charla de bebé» debe adoptar la forma ópti-
co-gestual. A este respecto, Carol Erting y sus colegas han aportado recientemente bellos ejemplos de las diferencias entre padres sordos y
oyentes (Erting, Prezioso y Hynes, 1989). De hecho en los niños sordos
puede apreciarse una orientación visual, o hipervisual, casi desde el nacimiento; y es esto lo que sus padres, si son sordos, perciben muy pronto.
Los niños sordos muestran desde el principio una organización diferente,
una organización que requiere (y pide), además, un tipo distinto de reacción. Los padres oyentes sensibles pueden percibir esto en cierta medida,
y llegar a adquirir también ellos una gran pericia en la comunicación visual. Pero lo que pueden aportar los padres oyentes, por mucho que se
esfuercen, tiene un límite, pues no son por naturaleza seres visuales sino
auditivos. Hace falta una comunicación totalmente visual más profunda
para que el niño sordo desarrolle su identidad propia y única... y ésta
sólo puede aportarla otro ser visual, otra persona sorda.

todo a la vez, simultánea e inseparablemente. Y esto es, claro, lo que puede pasar, lo que pasa, con demasiada frecuencia, si un niño nace sordo. Hilde Schlesinger y Kathryn Meadow dicen al principio de su libro *Sound and Sign:* [67]

La sordera infantil profunda es más que un diagnóstico médico; es un fenómeno cultural en que se unen inseparablemente pautas y problemas sociales, emotivos, lingüísticos e intelectuales.

Schlesinger y sus colegas llevan trabajando en este campo veinte años, y a ellos se deben las observaciones más completas y profundas sobre los problemas que pueden asediar a los sordos desde la infancia hasta la vida adulta, y sobre cómo estos problemas se relacionan con los primeros intercambios comunicativos entre madre e hijo (y, más tarde, entre profesor y alumno), intercambios que son con harta frecuencia enormemente deficientes o erróneos. A Schlesinger lo que más le interesa es cómo se «insta con halagos» a los niños (y en especial a los sordos) a pasar de un mundo perceptivo a otro conceptual, lo decisivamente que esto depende de ese diálogo. Y nos ha demostrado que para ese «salto dialéctico» del que habla Vygotsky (el salto de la sensación al pensamiento) no sólo ha de haber conversación, sino el *tipo* de conversación adecuado. Ha de haber un diálogo rico en sentido comunicativo, en reciprocidad y en preguntas del tipo adecuado, para que el niño consiga dar ese gran salto.

67. Schlesinger y Meadow, 1972. Han realizado también estudios muy detallados en Inglaterra Wood *et al.;* consideran trascendental, como Schlesinger, el papel mediador de padres y maestros y plantean con cuánta frecuencia, y de qué formas diversas y sutiles esa mediación puede ser deficiente en el caso de los niños sordos.

Esta investigadora ha demostrado, grabando los intercambios verbales entre madre e hijo desde la etapa inicial de la vida, con cuánta frecuencia puede esto trastocarse, y con qué terribles consecuencias, cuando el niño es sordo. Los niños, los niños sanos, tienen una curiosidad infinita: buscan sin cesar causas y sentidos, preguntan sin cesar «¿Por qué?», «¿Cómo?», «¿Y si?». Precisamente el que no se hiciesen estas preguntas, ni se comprendieran siquiera estas formas interrogativas, fue la causa de que Braefield me produjera una impresión tan desazonante durante mi visita. Schlesinger, hablando en términos más generales sobre estos problemas tan frecuentes en los sordos, dice:[68]

> Muchos sordos muestran a los ocho años un retraso en la comprensión de las preguntas, aún siguen nombrando, no imprimen a sus respuestas «significados básicos», tienen un sentido de la causalidad pobre y expresan raras veces ideas sobre el futuro.

Muchos, pero no todos. En realidad, suele darse una diferencia bastante marcada entre los niños que tienen estos problemas y los que no los tienen, entre los que son intelectual, lingüística, social y emotivamente «normales» y los que no. Esta diferencia, que discrepa tanto de la distribución normal acampanada de capacidades, indica que la dicotomía se produce después del nacimiento, que tiene que haber experiencias de la primera parte de la vida que determinan decisivamente todo el futuro. El origen de la interrogación, de una actitud mental activa e interrogativa, no es algo que surja espontáneamente, *de novo*, o por influjo directo de la experiencia; nace del intercambio comunicativo, lo estimula

68. Schlesinger, Hilde, «Buds of Development: Antecedents of Academic Achievement», *trabajo en proceso de elaboración.*

ese intercambio, requiere *diálogo*, en particular ese complejo diálogo de la madre y el hijo.[69] Es ahí, en opinión de Schlesinger, donde se inician las dicotomías:[70]

> Las madres hablan con sus hijos, lo hacen de modos muy distintos, y tienden a situarse con mayor frecuencia a uno u otro lado de una serie de dicotomías. Unas hablan *con* sus hijos y participan sobre todo en el diálogo; otras hablan sobre todo *a* sus hijos. Unas apoyan en general los actos de sus retoños, y en caso contrario explican con razones por qué no lo hacen; otras controlan sobre todo los actos de sus hijos, y no explican por qué. Unas hacen verdaderas preguntas [...] otras reprimen las preguntas... A unas les impulsa lo que el niño dice o hace. A otras les impulsan sus propias necesidades e intereses internos... Unas describen un mundo grande en el que sucedieron acontecimientos en el pasado y sucederán en el futuro; otras sólo comentan lo que sucede en el momento... Unas madres transmiten el entorno dotando a los estímulos de sentido [y otras no].

La madre parece disponer de un poder enorme: el de comunicarse adecuadamente con su hijo o no; introducir pre-

---

69. Esta interacción es un tema importante de la psicología cognoscitiva. Véase sobre todo L. S. Vygotsky, *Thought and Language;* A. R. Luria y F. I. Yudovich, *Speech and the Development of the Mental Processes in the Child;* y el libro de Jerome Bruner *Child's Talk.* Y, por supuesto (y muy especialmente respecto al desarrollo de la emoción, la fantasía, la creatividad y el juego), es también un tema por el que se interesa la psicología analítica. Véase D. W. Winnicott, *The Maturational Process and the Facilitating Environment;* M. Mahler, F. Pine y A. Bergman, *The Psychological Birth of the Human Infant;* y Daniel N. Stern, *The Interpersonal World of the Infant.*

70. Schlesinger, 1988, p. 262.

guntas indagatorias («¿Cómo?», «¿Por qué?», «¿Y si?») o susti-
tuirlas por el estúpido monólogo del «¿Qué es esto?» «Haz
eso»; comunicar un sentido lógico y una relación causal o
dejarlo todo al nivel pobre de lo inexplicable; transmitir una
clara conciencia de tiempo y lugar o referirse sólo a lo inmediato; aportar una «representación generalizada de la realidad», un mundo conceptual que dé coherencia y sentido a la
vida y estimule la inteligencia y las emociones del niño, o dejarlo todo al nivel de lo no generalizado, de la ausencia de
interrogantes, algo casi por debajo del nivel animal de lo perceptivo.[71] Da la impresión de que los niños no puedan elegir
el mundo en que van a vivir; que no puedan elegir el mundo

71. Eric Lenneberg cree que los problemas de los sordos surgen sólo
en el campo *verbal*, después de los tres años, más o menos; y que estos
problemas no son graves, en general, en los años preescolares (Lenneberg, 1967). Y escribe: «Un niño sordo sano de dos años o más se las
arregla muy bien pese a su incapacidad total para comunicarse verbalmente. Estos niños se hacen muy hábiles en la mímica y tienen técnicas
bien desarrolladas para comunicar sus deseos, sus necesidades y hasta sus
opiniones. El que carezcan casi por completo de lenguaje no les impide
entregarse a los juegos más imaginativos e inteligentes que corresponden
a su edad. Les gustan sobre todo los juegos fantásticos, son capaces de
construir estructuras magníficas con bloques o con cajas. Pueden montar
trenes eléctricos y elaborar los razonamientos necesarios para disponer
cambios de vías y prever el comportamiento del tren en marcha y sobre
los puentes. Les encanta mirar cuadros e imágenes y la representación
pictórica nunca les resulta incomprensible por muy estilizada que sea, y
sus propios dibujos no desmerecen en absoluto de los que realizan sus
coetáneos oyentes. Así pues, el desarrollo cognitivo tal como se expresa
en el juego no parece ser distinto del que se produce cuando hay un desarrollo del lenguaje.»
    El punto de vista de Lenneberg, que en 1967 parecía razonable, no
es el que sostienen hoy los atentos observadores que estudian a los niños
sordos, todos de acuerdo en que puede haber importantes problemas
cognoscitivos y comunicativos, en el período preescolar incluso, si no se
introduce el lenguaje lo antes posible. El niño sordo medio sólo domina-

mental y emotivo más de lo que pueden elegir el mundo material; dependen, en principio, de lo que sus madres les transmitan.

Lo que hay que transmitir no es sólo el lenguaje sino el pensamiento, porque, si no, el niño quedará atrapado y desvalido en un mundo perceptivo y concreto: la situación de Joseph, Kaspar e Ildefonso. Este peligro es mucho mayor si el niño es sordo, porque los padres (oyentes) tal vez no sepan cómo dirigirse a él y, si es que llegan a comunicarse con él, pueden utilizar formas de diálogo y de lenguaje rudimentarias que no fomenten el desarrollo mental del niño, que en realidad lo obstaculicen.

> Los niños parecen copiar fielmente el mundo cognitivo (y el «estilo») que les transmiten sus madres [escribe Schlesinger]. Algunas madres transmiten un mundo poblado de objetos individuales y estáticos del presente inmediato denominados de formas idénticas para sus hijos desde la temprana infancia y a lo largo del período de latencia... Estas madres evitan el lenguaje que se distancia del mundo perceptivo [...] e, intentando conmovedoramente compartir un mundo con sus vástagos, entran en el mundo perceptivo de sus hijos y no salen de él...

---

rá cincuenta o sesenta palabras a los cinco o seis años si no se toman medidas especiales, mientras el niño oyente medio dominará tres mil. Pese a las maravillas de los trenes de juguete y de los juegos fantásticos, el niño se ve privado de ciertos aspectos de la infancia si no posee prácticamente lenguaje antes de ir a la escuela. Tiene que haber alguna comunicación con los padres, con otras personas, cierta comprensión del mundo en general, que le están vedadas en tales condiciones. Al menos eso es lo que parece razonable: necesitamos estudios minuciosos, que incluyan quizás reconstrucciones analíticas, para ver qué alteraciones se producen en los cinco primeros años de la vida si el individuo no consigue aprender el lenguaje durante ese período.

113

[Otras madres, por el contrario], transmiten un mundo en el que las cosas que se ven, se tocan y se oyen se manipulan con entusiasmo a través del lenguaje. Transmiten un mundo más amplio, más complejo y más interesante para los niños. También ellas etiquetan conceptos en el mundo perceptivo de sus hijos, pero utilizan las etiquetas correctas para las percepciones más sutiles asignándoles atributos mediante adjetivos [...] Incluyen personas, y nombran las acciones y sentimientos de los individuos, caracterizándolos mediante adverbios. No sólo *describen* el mundo perceptivo sino que ayudan a sus hijos a *reorganizarlo* y a *razonar* sobre sus múltiples posibilidades.[72]

Estas madres estimulan, pues, la formación de un mundo conceptual que lejos de empobrecer el mundo perceptivo lo estimula, lo enriquece y lo eleva continuamente al nivel del símbolo y del significado. Schlesinger cree que el diálogo pobre, la comunicación deficiente, no sólo genera limitación intelectual, sino timidez y pasividad; un diálogo creador, un intercambio comunicativo rico en la infancia, despierta la imaginación y la inteligencia, propicia la autonomía, la desenvoltura, el espíritu juguetón, el humor, características que acompañarán al individuo el resto de su vida .[73]

72. Schlesinger, Hilde, «Buds of Development», en proceso de elaboración.

73. Schlesinger cree que en el fondo da igual que el diálogo entre madre e hijo sea a través del habla o a través de la seña; lo que importa es su propósito comunicativo. Este propósito, que es fundamentalmente inconsciente como tantos propósitos, puede orientarse al *control* del niño o en la dirección sana de fomentar su desarrollo, su autonomía y su crecimiento intelectual. Pero el uso de la seña, permaneciendo invariable todo lo demás, facilita claramente la comunicación en la primera infancia, porque el niño sordo la capta espontáneamente y no puede captar, sin embargo, tan deprisa el habla.

Charlotte es una niña de seis años sorda de nacimiento como Joseph. Pero Charlotte es muy juguetona, está llena de curiosidad, está decididamente abierta al mundo. Casi no se diferencia de una niña oyente de su edad, no se parece nada al pobre y desconectado Joseph. ¿Cuál es la causa de esa diferencia? Los padres de Charlotte, en cuanto supieron que era sorda (tenía unos meses), decidieron aprender un lenguaje de señas, pensando que ella no podría aprender con facilidad un lenguaje hablado. Lo hicieron ellos y también varios parientes y amigos. Sarah Elizabeth, la madre de Charlotte, escribió esto cuando la niña tenía cuatro años:

A nuestra hija Charlotte le diagnosticaron sordera profunda a los diez meses. En los últimos tres años hemos experimentado toda una gama de emociones: incredulidad, pánico y angustia, rabia, depresión y pena, y por último aceptación y estimación. Cuando desapareció el pánico inicial comprendimos que tendríamos que utilizar un lenguaje de señas con la niña mientras fuese pequeña.[74]

Para Schlesinger el propósito comunicativo depende del «poder»: de si los padres se sienten «poderosos» o «impotentes» en relación con su hijo. De acuerdo con su planteamiento, los padres poderosos se sienten poderosos y autónomos, y dan a sus hijos poder y autonomía. Los impotentes, que se sienten pasivos y dominados, ejercen por su parte un control excesivo sobre sus hijos y monologan *para* ellos, en vez de mantener un diálogo *con* ellos. El hijo sordo puede producir a los padres una sensación de impotencia, claro está: ¿cómo comunicarse con él? ¿Qué hacer? ¿Qué expectativas de futuro pueden tener ellos, o el niño? ¿Qué clase de mundo se les impondrá o impondrán al niño? Lo que al parecer resulta determinante es que haya un sentimiento no de fuerza sino de elección: que haya un deseo de comunicación efectiva, con el habla, con la seña o con ambas.

74. «Alguien tan sordo como Charlotte sólo podrá aprender a leer los labios y a hablar de una forma inteligible tras muchos años de duro trabajo, si es que lo consigue», escribe Sarah Elizabeth. Al menos ésta fue su conclusión después de mucho estudio y análisis. Pero los padres de otra

Iniciamos clases en casa de inglés por señas (SEE), copia exacta por señas del inglés hablado, porque pensamos que nos ayudaría a transmitir nuestro idioma inglés, la literatura y la cultura inglesas a nuestra hija. Como éramos oyentes nos parecía una tarea abrumadora aprender no-

---

niñita sorda profunda enfrentados con una situación muy parecida llegaron a otra conclusión y creyeron que tenían otra opción.

Se descubrió que Alice era sorda profunda cuando tenía diecisiete meses. (Con una pérdida de audición de 120dv. en un oído y 108 dv. en otro). Sus padres pensaron que una solución sería el «habla con clave», junto con la utilización de audífonos muy potentes. (El habla con clave, creada por Orin Cornett, utiliza posiciones manuales sencillas junto a la boca, que sirven para aclarar diversos sonidos que al que lee los labios le parecen iguales.) A Alice le ha ido bien en apariencia con esto, se ha hecho con un vocabulario extenso y posee un excelente dominio de la gramática y (con cinco años) tiene un nivel de lenguaje expresivo veinte meses superior a su edad. Lee y escribe bien, *disfruta* leyendo y escribiendo. Le va bien en los estudios (tiene un intérprete de habla con clave continuamente con ella en la escuela). Sus padres la describen como «muy inteligente, bien adaptada, estimada, extrovertida», pero tiene ya cierto miedo a sentirse «desconectada» en la escuela.

A pesar de estas habilidades lingüísticas tan positivas, su capacidad de comunicación adolece de limitaciones patentes. Su habla es aún difícil de entender, tiene un «tono cortado», y prescinde de muchos de los sonidos del habla espontánea. La pueden entender bien sus padres y sus profesores, pero los demás no la entienden tan bien. Puede aclarar lo que quiere decir con claves expresivas, pero el número de personas que entienden las claves es reducidísimo. También se halla un poco por debajo de lo normal en cuanto a la capacidad de captar el habla: leer los labios no es sólo una técnica visual, el 75 por ciento de la lectura es una especie de hipótesis o suposición inspirada, que depende del uso de claves contextuales. Para el sordo poslingüístico, que conoce el habla, es más fácil leerla; pero para un sordo prelingüístico, como Alice, es mucho más difícil. Así pues, pese a que está en el mundo oyente, Alice se enfrenta en él a grandes dificultades (y a la posibilidad de quedarse aislada). La vida en casa antes de los cinco años, con padres comprensivos, puede no presionar demasiado al niño sordo, pero la vida posterior es muy distinta. Los

116

sotros un idioma nuevo y tener que enseñárselo a la vez a Charlotte, y como conocíamos la sintaxis inglesa, este lenguaje de señas nos parecía más accesible [...] Queríamos creer a toda costa que Charlotte era como nosotros.

Al cabo de un año decidimos pasar de la rigidez del SEE al inglés por señas informal, una mezcla del vocabulario del ameslán, que es predominantemente visual, y la sintaxis inglesa, familiar [...] [pero] las complicadas estructuras lineales del inglés hablado no se traducen en un lenguaje de señas sugerente, así que tuvimos que reorientar nuestro modo de pensar para construir frases visuales. Nos enseñaron los aspectos más atractivos y más interesantes del lenguaje de señas: las frases hechas, el humor, la mímica, las señas que significan conceptos completos y la expresión facial [...] Ahora estamos pasando al ameslán, lo estudiamos con una profesora sorda, que, por ser ése su primer idioma, puede comunicarse en él sin titubeos y codificarlo para nosotros, los oyentes. El proceso de aprendizaje de un idioma razonable e ingenioso, que posee tanta belleza y tanta imaginación, nos emociona y estimula. Es un placer darse

---

problemas de un niño con deficiencias graves del habla y de la audición suelen aumentar espectacularmente con cada año de escuela.

Los padres de Alice tienen una mentalidad abierta y no le imponen exclusivamente el habla con clave; en realidad, se quedaron asombrados al ver que funcionaba. Pero tienen claras preferencias en cuanto al mundo en el que les gustaría que viviera su hija: «Yo quiero que se desenvuelva de ambos modos –dice su padre–, pero en el fondo prefiero pensar en ella en el mundo oyente, casándose con una persona oyente, etcétera. Claro que le proporcionaría mucha fuerza otra persona sorda... Le encanta también hablar por señas, necesita una relación con otra persona que hable por señas. Tengo la esperanza de que pueda sentirse a gusto en *ambos* mundos, el de los sordos y el de los oyentes.» Ojalá Alice pueda aprender a hablar por señas enseguida, porque pronto será demasiado tarde para que lo aprenda con la competencia de un hablante nativo. Y si no lo aprendiese, podría no encontrarse a gusto en *ninguno* de los dos mundos.

cuenta de que cuando Charlotte habla por señas expresa pautas mentales visuales. Y nos damos cuenta sorprendidos de que también nosotros empezamos a pensar de modo distinto respecto a los objetos materiales, y su posición y movimiento, debido a las expresiones de Charlotte.

Esta descripción me pareció convincente y fascinante, y nos muestra cómo los padres de Charlotte quisieron creer al principio que su hija era básicamente similar a ellos, pese a que utilizase los ojos y no los oídos; empezaron utilizando el SEE, que no posee ninguna estructura real propia, que es una mera transliteración de un lenguaje auditivo, y luego fueron dándose cuenta gradualmente de la visualidad básica de su hija, de que utilizaba «pautas mentales visuales» y de que eso exigía y generaba un lenguaje visual. En vez de imponer a su hija su mundo auditivo, como hacen tantos padres de sordos, la animaron a adentrarse en su propio mundo (visual), que luego pudieron compartir con ella. De hecho, Charlotte había progresado tanto a los cuatro años en el lenguaje y el pensamiento visuales que podía aportar a sus padres nuevas formas de pensar, revelaciones.

A principios de 1987 Charlotte y su familia se trasladaron de California a Albany (Nueva York) y su madre volvió a escribirme:

Charlotte tiene ahora seis años y está en primero. Naturalmente a nosotros nos parece una niña extraordinaria, porque, aunque sorda profunda, se interesa por las cosas, es reflexiva y competente dentro de su mundo (predominantemente) oyente. Parece desenvolverse bien tanto con el ameslán como con el inglés, se comunica con entusiasmo con niños y adultos sordos y tiene un nivel de lectura y escritura correspondiente a tercer curso. Su hermano oyente Nathaniel se expresa con facilidad y fluidez por señas; nuestra familia sostiene muchas conversaciones y resuelve muchos asuntos en lenguaje de señas... Creo que nuestra experiencia confirma la idea de que un temprano contacto con un lenguaje visualmente coherente estimula los procesos del pensamiento conceptual complejo. Charlotte sabe pensar y razonar. Utiliza con eficacia los instrumentos lingüísticos que le han proporcionado para elaborar ideas complejas.

Cuando fui a visitar a Charlotte y a su familia, lo primero que me sorprendió fue que *eran* una familia, una familia llena de alegría, llena de vitalidad, llena de preguntas, unida. No advertí ni rastro de ese aislamiento tan frecuente en los sordos... y no había ni rastro de idioma «primitivo» («¿Qué es esto? ¿Qué es aquello? ¡Haz esto! ¡Haz aquello!»), de esa actitud protectora de la que habla Schlesinger. La propia Charlotte estaba llena de preguntas, llena de curiosidad, llena de vida, era una niña alegre, imaginativa y juguetona, claramente volcada hacia el mundo y hacia los demás. Aunque le decepcionó que yo no hablase por señas, utilizó inmediatamente a sus padres como intérpretes y me interrogó a fondo sobre las maravillas de Nueva York.

A unos cuarenta y cinco kilómetros de Albany hay un bosque y un río, y allí fui más tarde en coche con Charlotte, sus padres y su hermano. A Charlotte le gusta el mundo de la naturaleza tanto como el mundo humano, pero le gusta de un modo inteligente. Sabía distinguir diferentes hábitats por cómo convivían las cosas en ellos; percibía la cooperación y la dualidad, la dinámica de la existencia. Le fascinaban los helechos que crecían junto al río, comprendía que eran distintos de las flores, entendía la diferencia entre esporas y semillas. Expresaba con exclamaciones en lenguaje de señas su entusiasmo ante las formas y los colores, pero luego hacía una pausa para preguntar «¿Cómo?» y «¿Por qué?» y «¿Y si?». Era evidente que lo que quería no eran datos aislados sino conexiones, comprensión, un mundo con sentido y con significado. Nunca vi con mayor claridad el paso de un mundo perceptivo a un mundo conceptual, un paso imposible sin diálogo complejo, un diálogo que se produce primero con los padres pero que luego se interioriza como «el hablar consigo mismo», como pensamiento.

El diálogo pone en marcha el lenguaje, pone en marcha la mente, pero una vez puesta en marcha desarrollamos una nueva facultad, «el diálogo interno», indispensable para la fase siguiente, para el pensamiento. «El lenguaje interior», dice Vygotsky, «es un lenguaje casi sin palabras [...] no es el aspecto interior del lenguaje externo, es una función en sí... Mientras en el lenguaje externo el pensamiento se encarna en palabras, en el interno las palabras mueren al formar el pensamiento. El pensamiento interior es en gran medida pensar en significados puros.» Empezamos con el diálogo, con un lenguaje que es externo y social, pero luego, para pensar, para convertirnos en nosotros mismos, tenemos que pasar a un monólogo, al lenguaje interior. El lenguaje interior es esencialmente solitario, y es profundamente misterioso, tan desconocido para la ciencia, según Vygotsky, como «la otra cara de la luna». «Somos nuestro lenguaje», se dice a menudo; pero nuestro lenguaje real, nuestra identidad real, reside en el lenguaje interior, en esa generación de sentido y corriente incesante que constituye la mente individual. El niño va elaborando significados y conceptos por medio del lenguaje interior; por el lenguaje interior alcanza su propia identidad; por medio de él construye, por último, su mundo propio. Y el lenguaje interior (o la seña interior) de los sordos puede ser muy característico.[75]

75. No cabe duda alguna de que la realidad no se nos «da», sino que tenemos que *construirla* nosotros mismos, a nuestro modo, y que la cultura y el mundo en que vivimos nos condicionan cuando lo hacemos. Es

120

Para los padres de Charlotte está claro que ésta construye su mundo de una forma distinta, radicalmente distinta quizás: predominan en ella pautas mentales visuales y «piensa de un modo diferente» en los objetos físicos. Me sorprendió mucho la calidad gráfica de sus descripciones, su precisión; sus padres hablaban también de esta precisión: «Todos los personajes, criaturas u objetos de los que habla Charlotte están *situados*» decía su madre; «la referencia espacial es fundamental en el ameslán. Cuando Charlotte habla por señas, se estructura toda la escena; puedes ver dónde están todas las personas y todas las cosas; se visualiza todo con un detalle que resulta extraño para el oyente.» El emplazamiento de objetos y personas en posiciones específicas, ese uso de una referencia espacial compleja, había sido sorprendente en Charlotte, según sus padres, a partir de los cuatro años y medio.

---

natural que nuestro lenguaje exprese nuestra visión del mundo, cómo percibimos y construimos la realidad, pero ¿va aún más allá? ¿Determina el lenguaje nuestra visión del mundo? Ésta fue la célebre hipótesis que propuso Benjamin Lee Whorf: que el lenguaje surge antes que el pensamiento y es el determinante principal del pensamiento y de la realidad (Whorf, 1956). Whorf llevó esta hipótesis a sus últimas consecuencias: «Un cambio de lenguaje puede transformar nuestra visión del cosmos» (creía, de acuerdo con esto, basándose en la comparación de los sistemas de los tiempos verbales, que los anglohablantes tenían una visión del mundo newtoniana y los que hablaban hopi una einsteiniana y relativista). Sus tesis provocaron muchos malentendidos y mucha polémica, parte de ella de un tipo francamente racista. Pero los datos, como indica Roger Brown, son «extraordinariamente difíciles de interpretar», en buena parte porque carecemos de definiciones independientes adecuadas de pensamiento y de lenguaje.

Pero la diferencia entre las lenguas habladas más diversas es pequeña comparada con la diferencia entre habla y seña. La seña difiere en sus orígenes y en su modalidad biológica, y esto puede determinar, y en último término modificar, en un sentido más profundo de lo que Whorf imaginaba, los procesos mentales de los que hablan por señas, y asignarles una modalidad cognoscitiva hipervisual única e intraducible.

A esa edad les superaba ya en ese terreno, había desarrollado una especie de «escenificación», una capacidad «arquitectónica» que habían percibido en otros sordos, pero raras veces en los oyentes.[76]

El lenguaje y el pensamiento siempre son personales: lo que decimos nos expresa, igual que nuestro lenguaje interior. Por eso suele parecernos el lenguaje una efusión, una especie de transmisión espontánea del yo. No pensamos en principio que tenga que tener una *estructura*, una estructura de un tipo inmensamente complejo y preciso. No tenemos conciencia de esa estructura; no la vemos como vemos los tejidos, los órganos, la disposición arquitectónica de nuestro cuerpo. Pero esa enorme libertad del lenguaje, esa libertad excepcional, no sería posible sin unas limitaciones gramaticales sumamente estrictas. Lo que hace posible el lenguaje, lo que nos permite articular los pensamientos, nuestra identidad, en una expresión es ante todo la gramática.

Esto estaba claro, respecto al habla, en 1660 (fecha de la *Gramática* de Port Royal), pero hasta 1960 no se admitió respecto al lenguaje de señas.[77] Hasta entonces ni siquiera los

76. Cuando dijeron esto me acordé de una anécdota de Ibsen que había leído. Un día que recorría con un amigo una casa en la que no habían estado nunca, se volvió de pronto y dijo: «¿Qué había en esa habitación por la que acabamos de pasar?» Su amigo sólo tenía una noción vaguísima, pero Ibsen describió con toda exactitud las cosas que había en la habitación, su apariencia, su emplazamiento, sus relaciones, y luego dijo, entre dientes, como para sí: «Lo veo todo.»

77. Las concepciones anteriores de la gramática (como las de las gramáticas latinas pedagógicas que aún atormentan a los escolares) se basaban en un concepto de la lengua mecánico, no en un concepto creativo. La *Gramática* de Port Royal consideraba la gramática básicamente creativa, y hablaba de «esa maravillosa invención en virtud de la cual construimos a partir de veinticinco o treinta sonidos infinitas expresiones, las

que hablaban por señas consideraban la seña un idioma auténtico. Y sin embargo la idea de que la seña pudiese tener una estructura interna no es del todo nueva, tiene una especie de extraña prehistoria. Roch-Ambroise Bébian, sucesor de Sicard, no sólo percibió que el lenguaje de señas tenía una gramática autónoma propia (por lo que no necesitaba en absoluto una gramática francesa importada y ajena), sino que intentó recopilar una «Mimografía» basada en la descomposición de las señas. El proyecto fracasó, y era inevitable que fuese así, pues aún no se habían llegado a identificar correctamente los elementos reales («fonémicos») de la seña.

En la década de 1870 el antropólogo E. B. Tylor sintió un profundo interés por el lenguaje, que incluía un gran interés por el lenguaje de señas y su conocimiento (hablaba por señas con fluidez y tenía muchos amigos sordos). Su libro *Researches into the Early History of Mankind* contenía muchas ideas fascinantes sobre el lenguaje de señas y podría haber fomentado un auténtico estudio lingüístico de éste si el Congreso de Milán de 1880 no hubiese acabado con la posibilidad de semejante empresa y de cualquier otra valoración justa del lenguaje de señas. Con la descalificación oficial y solemne de dicho lenguaje, los lingüistas pasaron a centrar la atención en otra parte, y lo ignoraron o lo interpretaron de un modo completamente erróneo. J. G. Kyle y B. Woll explican esta triste historia en su libro, destacando que Tylor conocía tan bien la gramática del lenguaje de señas que les parecía indiscutible que «los lingüistas no han hecho más que *re*descubrirla en estos últimos diez años».[78] La idea de que el «lenguaje de señas» de los sordos no era más que una

_____

cuales, sin tener en sí semejanza alguna con lo que ocurre en nuestra mente, nos permiten pese a todo comunicar a otros el secreto de lo que concebimos y de las diversas actividades mentales que realizamos».

78. Kyle y Woll, 1985, p. 55.

especie de mímica, o la de que era sólo un lenguaje pictográfico, dominaban de un modo prácticamente universal hace tan sólo treinta años. La *Encyclopaedia Britannica* (decimocuarta edición) lo consideraba «una especie de escritura de imágenes en el aire»; y un manual muy conocido nos dice:[79]

El lenguaje de señas manuales que utilizan los sordos es un lenguaje ideográfico. Es fundamentalmente más pictórico, menos simbólico, y se emplaza ante todo, como sistema, en el campo de la imaginación. A los sistemas de lenguaje ideográfico les falta precisión, sutileza y flexibilidad comparados con los sistemas de símbolo verbal. Es probable que el hombre no pueda desarrollar todo su potencial con el lenguaje ideográfico, pues éste se limita a los aspectos más concretos de la experiencia humana.

Hay aquí, en realidad, una paradoja: el lenguaje de señas parece al principio mímico; te hace creer que si prestas atención acabarás «cogiéndolo» muy pronto [...] la mímica es siempre fácil de entender. Pero si sigues mirando no experimentas ningún sentimiento de «¡Ajá!», compruebas irritado que, pese a su aparente transparencia, el lenguaje de señas es ininteligible.[80]

79. Myklebust, 1960.
80. Tendríamos que preguntarnos si no habrá también aquí una dificultad intelectual (y casi fisiológica). No es fácil concebir una gramática en el espacio (o una gramaticalización del espacio). Esto no era ni siquiera un concepto hasta que lo elaboraron Edward S. Klima y Ursula Bellugi en 1970 (ni siquiera lo era para los sordos, que utilizaban ese espacio-gramática). El que nos resulte tan extraordinariamente difícil hasta concebir una gramática espacial, una sintaxis espacial, un lenguaje espacial (concebir una utilización lingüística del espacio) puede deberse al hecho de que «nosotros» (los oyentes que no hablamos por señas), al carecer de experiencia personal de gramaticalización del espacio (y al carecer, por

Hasta finales de la década de 1950, en que se incorporó a la Universidad Gallaudet el joven medievalista y lingüista William Stokoe no se prestó ninguna atención lingüística ni científica al lenguaje de señas. Stokoe creía que había ido a enseñar a Chaucer a los sordos. Pero enseguida se dio cuenta de que la suerte o la casualidad le habían brindado uno de los medios lingüísticos más extraordinarios del mundo. Por entonces no se consideraba el lenguaje de señas un auténtico idioma, sólo una especie de mímica o código gestual, o una especie de inglés desarticulado que se hacía con las manos. Stokoe tuvo el talento de ver que no era nada de eso y de demostrarlo; se dio cuenta de que cumplía todas las condiciones lingüísticas precisas para considerarlo un verdadero idioma, con vocabulario y sintaxis y capacidad para generar un número infinito de proposiciones. En 1960 publicó *Sign Language Structure* y en 1965 (con sus colegas sordos Dorothy Casterline y Carl Croneberg) *A Dictionary of American Sign Language*. Stokoe estaba convencido de que las señas no eran imágenes sino símbolos abstractos complejos con una estructura interior compleja. Fue, por tanto, el primero que buscó una estructura, que analizó las señas, que las diseccionó, que buscó los elementos constitutivos. Sostuvo muy pronto que cada seña constaba de tres elementos independientes como mínimo (posición, contorno de la mano y movimiento; estas partes eran análogas a los fonemas del habla) y que cada elemento disponía de un número ilimitado de combinaciones.[81] En *Sign Language*

------

tanto, de un sustrato cerebral de ella), seamos fisiológicamente incapaces de concebirla (lo mismo que no podemos imaginar lo que es tener rabo o visión infrarroja).

81. Una confirmación particularmente curiosa de la idea de Stokoe es la que proporcionan los «deslices de la mano». No son nunca errores arbitrarios, no son nunca movimientos o configuraciones de las manos que no se presenten en el lenguaje, sino sólo errores de comunicación (transposición, etc.) en un grupo limitado de parámetros de posición o

Structure delimitó diecinueve contornos manuales distintos, doce posiciones, veinticuatro tipos de movimiento, e inventó un sistema de notación (el ameslán no se había *escrito* nunca).[82] Su *Dictionary* era además original, pues las señas no esta-

---

movimiento o configuración de las manos. Son enteramente análogos a los errores fonémicos de los lapsus lingüísticos.

Además de estos errores (que entrañan transposiciones inconscientes de elementos subléxicos) hay, entre los que hablan el lenguaje de señas como su lengua natural, formas refinadas de humor por señas y de señas artísticas, que entrañan juegos conscientes y originales con las señas y con sus elementos constitutivos. Es evidente que estos individuos tienen un conocimiento intuitivo de la estructura interna de las señas.

Otro testimonio más (aunque insólito) de la estructura sintáctica y fonética del lenguaje de señas procede del «lenguaje de señas loco» o la «ensalada de señas» que se pueden observar en estados de psicosis esquizofrénica. Es característico en estos casos que las señas se fragmenten, deshagan, rehagan, que desarrollen formaciones neologísticas y deformaciones gramaticales extrañas (aunque no «ilícitas»). Esto es exactamente lo que pasa con el lenguaje hablado en el llamado «esquizofrenés» o «ensalada de palabras».

Yo he sido testigo también de una exageración y un aislamiento interesantes de diferentes elementos fonémicos de señas (alteración convulsiva del emplazamiento o la dirección de una seña, por ejemplo, manteniendo constante la configuración de la mano; o viceversa) en una niña sorda de nueve años que tiene el síndrome de Tourette; también en niños oyentes con el síndrome de Tourette pueden darse alteraciones y énfasis extraños similares.

82. La notación de Stokoe debería considerarse precisamente esto, una notación (como la notación fonética) concebida para la investigación, no para el uso ordinario. (Algunas de las notaciones que se han propuesto desde entonces son enormemente complejas: la notación de una frase por señas breve puede ocupar una página entera.) Nunca ha existido una forma escrita de la seña, en el sentido ordinario, y algunos han dudado que fuese posible. Como dice Stokoe, «los sordos se dan perfecta cuenta de que transcribir en dos dimensiones un lenguaje cuya sintaxis utiliza las tres dimensiones del espacio además del tiempo, en caso de que fuese posible, daría unos resultados excesivamente complejos» (comunicación personal; véase también Stokoe, 1987).

ban ordenadas temáticamente (es decir, señas de alimentos, de animales), sino de modo sistemático, según sus elementos constitutivos, su organización y los principios del idioma. El diccionario mostraba la estructura léxica del ameslán: la interconexión lingüística de unas tres mil «palabras»-señas básicas.

Stokoe necesitó una confianza inmensa y serena en sí mismo, y hasta cierta obstinación, para no abandonar estos estudios, pues al principio casi todo el mundo, oyentes y sordos, consideraron sus ideas ridículas y heréticas; cuando se publicaron sus libros se consideraron inútiles o absurdos. Es lo que suele pasar con las obras geniales.[83] Pero al cabo de unos años, debido precisamente a esas obras de Stokoe, la opinión general había cambiado por completo y se había iniciado una revolución, una revolución doble: una revolución científica que se interesaba por el lenguaje de señas y por sus sustra-

---

Sin embargo, en fecha muy reciente, un grupo de San Diego (véase Newkirk *et al.,* 1987, y Hutchins *et al.,* 1986) ha elaborado un nuevo sistema de seña escrita («SeñaTipo»). El uso de ordenadores permite dar la inmensa gama de las señas, sus modulaciones y varias de sus «entonaciones» en una forma escrita más adecuada de lo que se había creído posible anteriormente. SeñaTipo pretende transmitir la expresividad plena de la propia seña; es demasiado pronto, sin embargo, para decir si conseguirá o no la aceptación de la comunidad sorda.

Si los sordos llegasen a adoptar SeñaTipo, o alguna otra forma de seña escrita, eso podría llevarles a una literatura escrita propia, y servir para consolidar aún más su conciencia de comunidad y de cultura. Resulta curioso que Alexander Graham Bell previese esta posibilidad: «Otro medio de consolidar a los sordomudos como una clase diferenciada sería reducir el lenguaje de señas a escritura, de manera que los sordomudos tuviesen una literatura común diferenciada de la del resto del mundo.» Pero esto a él le parecía algo absolutamente negativo, algo que fomentaba «la formación de una variedad sorda de la especie humana» (véase Bell, 1883).

83. Lo mismo sucedió con la notable tesis de Bernard Tervoort sobre el lenguaje de señas holandés, publicada en Amsterdam en 1952. Esta temprana obra, de gran importancia, fue completamente ignorada en la época.

tos cognoscitivos y neurales, algo que nadie se había planteado hasta entonces, y una revolución cultural y política.

El *Dictionary of American Sign Language* enumeraba tres mil señas raíz, que podrían parecer un vocabulario sumamente limitado (si lo comparamos, por ejemplo, con las seiscientas mil palabras, más o menos, del *Oxford English Dictionary*). Y no hay duda, sin embargo, de que el lenguaje de señas es sumamente expresivo; puede expresar prácticamente todo lo que pueda expresar un lenguaje hablado.[84] Es evidente que operan también otros principios adicionales. La gran investigadora de estos otros principios (de todos los que pueden convertir un vocabulario en un idioma) ha sido Ursula Bellugi (y sus colaboradores del Instituto Salk).

Un vocabulario incluye todo tipo de conceptos; pero éstos permanecen aislados (en el nivel de «Mí Tarzán, tú Jane») si falta la gramática. Tiene que haber un sistema formal de normas que permita elaborar expresiones coherentes, es decir frases, proposiciones. (Esto no es del todo evidente, no es un concepto intuitivo, pues la expresión en sí parece tan inmediata, tan inconsútil, tan personal, que no se te ocurre pensar en principio que contenga, o exija, un sistema riguroso de normas: ésta es sin duda una de las razones de que fuesen sobre todo quienes utilizaban las señas como su idioma natural

84. Además del inmenso número de modulaciones gramaticales que permite la seña (hay literalmente centenares, por ejemplo, para el signo raíz MIRAR), su vocabulario concreto es muchísimo mayor y más rico de lo que pueda indicar cualquier diccionario existente. Los lenguajes de señas están evolucionando en este momento de un modo casi explosivo (esto es especialmente aplicable a los más recientes, como el lenguaje de señas israelí), hay una proliferación constante de neologismos: algunos de ellos son préstamos del inglés (o del lenguaje hablado del entorno que sea), otros son representaciones miméticas, otros invenciones *ad hoc*, pero la mayoría se crean a través de la notable gama de instrumentos formales que posee el propio lenguaje. Estos instrumentos los han estudiado sobre todo Ursula Bellugi y Don Newkirk (véase Bellugi y Newkirk, 1981).

los que dijesen que ese idioma no se podía descomponer y se mostrasen escépticos ante las tentativas de Stokoe y luego ante las de Bellugi.)

La idea de un sistema formal de este tipo, de una «gramática generativa», no es en sí algo nuevo. Humboldt decía ya que todo idioma hacía «uso infinito de medios finitos». Pero ha sido Noam Chomsky el que ha dado, en los últimos treinta años, una explicación concreta de «cómo en las lenguas particulares se hace un uso infinito de esos medios finitos» y quien ha analizado «las propiedades más profundas que definen el "lenguaje humano" en general». Chomsky denomina a estas propiedades más profundas «estructura profunda» de la gramática; las considera una característica innata, propia de la especie humana, una característica latente del sistema nervioso hasta que el uso efectivo del lenguaje la activa. Chomsky imagina su «gramática profunda» como un enorme sistema de normas («varios cientos de normas de diferentes tipos»), que poseen una determinada estructura natural fija, que a veces considera análoga al córtex visual, que cuenta con instrumentos innatos de todo tipo para organizar la percepción visual.[85]

85. Las imágenes visuales no son mecánicas, o pasivas, como las fotográficas; son, más bien, construcciones analíticas. David Hubel y Torsten Wiesel fueron los primeros que describieron los detectores de rayos elementales (para líneas verticales, líneas horizontales, ángulos, etcétera). Y a un nivel superior la imagen debe componerse y estructurarse con la ayuda de lo que Richard Gregory ha llamado una «gramática visual» (véase «The Grammar of Vision», en Gregory, 1974).

Una cuestión que han planteado Bellugi y otros es si el lenguaje de señas tiene la *misma* gramática generativa que el habla, la *misma* base gramatical y neural profunda. Dado que la «estructura profunda» del lenguaje, tal como la concebía Chomsky, tiene un carácter esencialmente abstracto o matemático, podría cartografiarse igual de bien, en principio, la estructura de superficie de un lenguaje de señas, un lenguaje táctil, un lenguaje olfativo, el que fuese. La modalidad del lenguaje, en cuanto tal, no plantearía (inevitablemente) ningún problema.

Apenas tenemos datos todavía sobre el sustrato neural de una gramática de este género, pero que hay una, y su emplazamiento aproximado, lo demuestra el hecho de que haya afasias, incluso del lenguaje de señas, en que queda mermada específica y exclusivamente la competencia gramatical.[86]

Según el modelo de Chomsky la persona que conoce una lengua concreta domina «una gramática que *genera* [...] el conjunto infinito de estructuras profundas potenciales, las

---

Una cuestión más fundamental, planteada sobre todo por Edelman, es la de si hace falta *alguna* base innata o reglamentada para que pueda llegar a desarrollarse el lenguaje; si el cerebro/mente no podría actuar de un modo completamente distinto, *creando* las relaciones y categorías lingüísticas que necesita, lo mismo que crea (en términos de Edelman) categorías perceptivas, sin conocimiento previo, en un mundo «sin etiquetar» (Edelman, 1990).

86. La cuestión de si alguna especie no humana tiene lenguaje, un lenguaje que haga «uso infinito de medios finitos», sigue siendo un asunto confuso y polémico. Como neurólogo, me han interesado mucho los estudios sobre afasia en monos, que indican que los primordios neurales del lenguaje, al menos, evolucionaron antes del hombre (véase Heffner y Heffner, 1988).

Los chimpancés no pueden hablar (su aparato vocal está estructurado sólo para emitir sonidos relativamente toscos), pero pueden expresarse muy bien por *señas*, aprender un vocabulario de varios cientos de ellas. En el caso de chimpancés pigmeos, además, estas señas (o «símbolos») pueden utilizarlas espontáneamente y transmitírselas a otros chimpancés. Es indudable que estos primates pueden aprender y utilizar y transmitir un código gestual. Pueden hacer también metáforas sencillas o acoplamientos originales de señas (se ha comprobado con varios chimpancés, Washoe y Nim Chimsky entre otros). ¿Pero constituye esto, propiamente hablando, un lenguaje? Parece dudoso que pueda afirmarse que los chimpancés tienen capacidad lingüística plena en términos de competencia sintáctica y gramática generativa. (Aunque E. S. Savage-Rumbaugh cree que puede haber protogramática; véase E. S. Savage-Rumbaugh, 1986.)

cartografía sobre estructuras de superficie relacionadas y determina las interpretaciones semánticas y fonéticas de estos objetos abstractos».[87] ¿Cómo consigue el sujeto asimilar (o dominar) una gramática de este tipo? ¿Cómo puede aprender algo tan complejo un niño de dos años? Un niño al que desde luego no se le enseña gramática de una manera explícita y que no oye expresiones ejemplares (elementos de gramática) sino la charla sumamente espontánea e informal (y en apariencia no informativa) de sus padres. (Por supuesto, el lenguaje de los padres no es «no informativo», sino que está

87. (Véase Chomsky, 1968, p. 26.) La historia intelectual de esta gramática generativa o «filosófica», y del concepto de «ideas innatas» en general, la ha analizado fascinantemente Chomsky. Yo creo que debe uno descubrir a sus propios precursores para descubrirse a sí mismo, para saber el puesto que ocupa en una tradición intelectual; recomiendo sobre todo su *Lingüística cartesiana* y sus conferencias Beckman, publicadas con el título de *Language and Mind*. La gran era de la «gramática filosófica» fue el siglo XVII, y su punto culminante la *Gramática* de Port Royal de 1660. Chomsky cree que la lingüística actual podría haber surgido entonces si no hubiese aparecido un empirismo superficial que abortó su desarrollo. Si la idea de una propensión innata subyacente del lenguaje se amplía al pensamiento en general, la doctrina de las «ideas innatas» (es decir, estructuras mentales que organizan la forma de la experiencia una vez activadas) se puede remontar a Platón, y luego a Leibniz y a Kant. Algunos biólogos han considerado fundamental este concepto de lo innato para explicar las formas de vida orgánica, en especial el etólogo Konrad Lorenz, al que Chomsky cita en este contexto (Chomsky, 1968, p. 81): «La adaptación de lo apriorístico al mundo real no se originó a partir de la «experiencia» más de lo que pueda haberlo hecho la adaptación de la aleta del pez a las propiedades del agua. La forma de la aleta viene dada a priori, antes de que se establezca negociación individual alguna del joven pez con el agua, y es esta forma la que hace posible la negociación, y lo mismo sucede con nuestras formas de percepción y nuestras categorías en lo que se refiere a nuestra negociación con el mundo externo global a través de la experiencia.»

Otros creen que la experiencia no sólo activa las formas de percepción de las categorías, sino que también las *crea* (véase nota 130).

lleno de gramática implícita y de ajustes y sugerencias lingüísticas innumerables e inconscientes, a las que el niño responde inconscientemente. Pero no hay ninguna trasmisión consciente explícita de la gramática.) Esto es en concreto lo que le asombra a Chomsky, que el niño sea capaz de conseguir tanto con tan poco:[88]

> No podemos evitar el asombro, en el caso del lenguaje, ante la disparidad enorme entre conocimiento y experiencia, entre la gramática generativa que la competencia lingüística del hablante nativo revela y los datos escasos y degradados sobre cuya base ha construido él solo esa gramática.

Al niño no se le enseña, pues, gramática, ni la aprende; la *construye* a partir de los «datos escasos y degradados» de que dispone. Y no podría hacerlo si la gramática, o su posibilidad, no estuviese ya dentro de él de una forma latente esperando que la materialice. Tiene que haber, según Chomsky, «una estructura innata lo suficientemente rica para explicar esa disparidad entre experiencia y conocimiento».

Esa estructura innata, esa estructura latente, no está plenamente desarrollada en el momento del nacimiento, ni es demasiado obvia a los dieciocho meses. Pero luego, de pronto, de un modo sorprendente, el niño en formación se abre al lenguaje, pasa a ser capaz de elaborar una gramática a partir de las expresiones de sus padres. Entre los veintiún meses y los treinta y seis (este período es el mismo en todos los seres humanos neurológicamente normales, tanto sordos como oyentes; en los retardados se retrasa un poco, lo mismo que otros hitos del desarrollo) revela una capacidad espectacular, un talento genial para el lenguaje, y luego una capacidad menguante, que se extingue cuando se acaba la niñez (a los

88. Chomsky, 1968, p. 76.

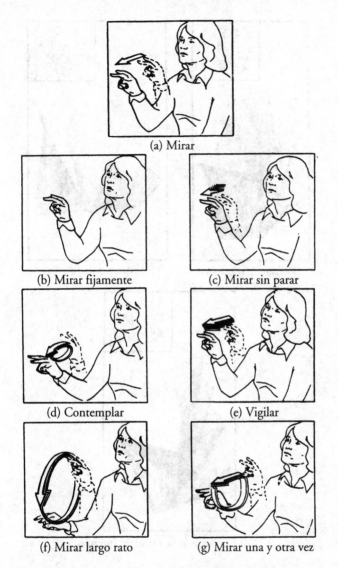

(a) Mirar

(b) Mirar fijamente

(c) Mirar sin parar

(d) Contemplar

(e) Vigilar

(f) Mirar largo rato

(g) Mirar una y otra vez

Figura 1. La seña raíz MIRAR puede modificarse de varios modos. He aquí algunas de las inflexiones para los aspectos temporales de MIRAR; hay otras más para diferenciaciones de grado, modo, número, etcétera. (Reimpreso [con cambio de notación] con permiso de *The Signs of Language,* E. S. Klima y U. Bellugi. Harvard University Press. 1979.)

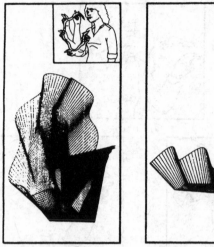 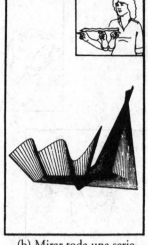

(a) Examinarlo todo   (b) Mirar toda una serie

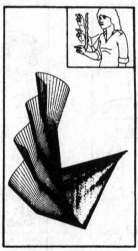

(c) Examinar características internas

Figura 2. Imágenes generadas con ordenador que muestran las diversas inflexiones de la seña MIRAR. Esta técnica permite apreciar muy bien la belleza de una gramática espacial, con sus complejas trayectorias tridimensionales (véase nota 31). (Reimpreso con permiso de Ursula Bellugi, The Salk Institute for Biological Studies, La Jolla, California.)

doce o trece años, aproximadamente).[89] Éste es, en expresión de Lenneberg, el «período crítico» para el aprendizaje de una primera lengua, el único período en que el cerebro puede materializar, partiendo de cero, una gramática completa. Los padres constituyen entonces un factor esencial, pero sólo facilitando el proceso: el lenguaje se desarrolla él mismo, «des-

89. Fue Lenneberg quien propuso la idea de una «edad crítica» para el aprendizaje de la lengua, la hipótesis de que si no se aprendía en la pubertad ya no podía aprenderse, al menos con la eficiencia del hablante nato (Lenneberg, 1967). Entre los oyentes es difícil que surjan problemas en relación con la edad crítica, pues prácticamente todos, hasta los retardados, alcanzan la competencia lingüística en los cinco primeros años de vida. Es un problema importante en el caso de los sordos que pueden no oír las voces de sus padres, o al menos no captar en ellas ningún significado, y a los que se les puede privar además de todo contacto con el lenguaje de señas. Por otra parte, hay pruebas de que los que aprenden a hablar por señas tarde (es decir, después de los cinco años) nunca llegan a alcanzar ese dominio de la gramática fluido e impecable, natural, que logran los que lo aprenden desde el principio (sobre todo los que lo aprenden muy al principio de sus padres sordos).

Puede haber excepciones a esto, pero *son* excepciones. Se puede admitir, en general, que los años preescolares son decisivos para aprender bien el lenguaje, que en realidad el primer contacto con él debería producirse lo más pronto posible y que los sordos de nacimiento deberían ir a parvularios donde se enseñase a hablar por señas. Aunque podría decirse de Massieu que aún estaba dentro de esta edad crítica a los trece años y nueve meses, es evidente que Ildefonso se hallaba muy lejos de ella. El que consiguiese aprender el lenguaje a una edad tan tardía podría explicarse simplemente por una retención excepcional de la maleabilidad neuronal; pero hay una hipótesis más interesante, la de que los sistemas gestuales (o «señas caseras») inventados por Ildefonso y su hermano, o por Massieu y sus hermanos sordos, podrían haber actuado como «protolenguaje», iniciando, digamos, al cerebro en la competencia lingüística, hasta que iniciase la actividad plena al establecer contacto muchos años después con el lenguaje de señas auténtico. (Itard, el maestro-médico de Víctor, el «niño salvaje» [véase p. 43] postulaba también un período crítico de aprendizaje para explicar su fracaso cuando intentó enseñar a Víctor a captar y emitir el habla.)

135

de dentro», en el período crítico, y lo único que hacen los padres (y citamos a Humboldt) es «proporcionar el hilo a lo largo del cual se desarrollará según su propio impulso». El proceso se parece más a la maduración que al aprendizaje: la estructura innata (a la que Chomsky a veces llama Instrumento de Aprendizaje del Idioma) se desarrolla orgánicamente, se diferencia y madura como un embrión.

Bellugi dice, cuando habla de sus primeros trabajos con Roger Brown, que para ella es esto precisamente lo más asombroso del lenguaje; se remite a un artículo conjunto que describía el proceso de «inducción de la estructura latente» de las frases en el niño, y a su última frase: «la integración y diferenciación simultáneas complejísimas que entraña la evolución de la frase-nombre recuerda más el desarrollo biológico de un embrión que la fijación de un reflejo condicionado». El *segundo* motivo de asombro de su vida como lingüista fue, nos dice, el ver que esta estructura orgánica fascinante (el complejo embrión de la gramática) podía tener una forma puramente visual y que la tenía en el lenguaje de señas.

Bellugi ha estudiado, sobre todo, los procesos morfológicos del ameslán: cómo se modifica una seña para expresar significados distintos por medio de la gramática y la sintaxis. Es evidente que el escueto vocabulario del *Dictionary of American Sign* era sólo una primera etapa, pues un lenguaje no es únicamente un vocabulario ni un código. (El llamado lenguaje de señas indio es un simple código, es decir, una colección o vocabulario de señas que no tienen ninguna estructura interna y apenas permiten modificaciones gramaticales.) El verdadero lenguaje se modula continuamente por medio de instrumentos gramaticales y sintácticos de todo tipo. El ameslán es extraordinariamente rico en instrumentos de este género, que sirven para ampliar muchísimo el vocabulario básico.

Hay así numerosas formas de MIRAR («mírame», «mírala», «mira a cada uno de ellos», etcétera), que se expresan to-

136

das de distinto modo: por ejemplo, la seña MIRA se efectúa con una mano que se aleja del que la hace; pero cuando se modifica para querer decir «se miran» se hace con las dos manos que se acercan una a otra simultáneamente. Hay un número considerable de modificaciones para indicar aspectos relacionados con la duración (figura 1); así, «mira» (a) puede modificarse para decir «mira fijamente» (b), «mira sin parar» (c), «contempla» (d), «observa» (e), «mira largo rato» (f) o «mira una y otra vez» (g) y muchas otras permutaciones, que incluyen combinaciones de las anteriores. Luego hay gran número de formas derivadas, en las que la seña MIRA se modifica de modo específico para significar «reminiscencia», «visita», «esperar con ilusión», «profecía», «predecir», «prever», «echar un vistazo», «ojear un libro», etcétera.

El rostro puede tener también funciones lingüísticas especiales en el lenguaje de señas: así (tal como han demostrado David Corina y otros) expresiones faciales específicas, o mejor «conductas», pueden servir para indicar construcciones sintácticas como sustantivaciones, cláusulas relativas y preguntas, o actuar como adverbios o cuantificadores.[90] Pueden intervenir también otras partes del cuerpo. Cualquiera de estos elementos o todos ellos (esa enorme gama de modificaciones concretas o potenciales, espaciales y cinéticas) pueden converger sobre las señas raíz, fundirse con ellas y modificarlas, condensando un enorme caudal de información en las señas resultantes.

La *condensación* de estas unidades de seña y el hecho de que todas sus modificaciones sean *espaciales* son la razón de que la seña resulte, en el nivel visible y obvio, completamente distinta de cualquier lenguaje hablado, y son también, en parte, la causa de que no se la considerase un lenguaje. Pero es precisamente por eso, y por su gramática y su sintaxis es-

90. Véase Corina, 1989.

paciales únicas, por lo que el lenguaje de señas es un verdadero lenguaje aunque sea un lenguaje completamente original, fuera de la corriente general evolutiva de todas las lenguas habladas, una opción evolutiva única. (Y, en cierto modo, una opción absolutamente sorprendente, considerando que hemos acabado especializándonos en el habla en el último medio millón o en los dos últimos millones de años. La aptitud para el lenguaje está en todos nosotros, eso es algo que se entiende fácilmente. Pero el que haya de ser tan grande la aptitud para una forma de lenguaje *visual* es algo asombroso, y difícilmente podría haberse previsto si un lenguaje visual no existiese. Pero podría decirse también que hacer señas y gestos, aunque sea sin una estructura lingüística compleja, es algo que se remonta a nuestro remoto pasado prehumano, y que el habla es en realidad el recién llegado evolutivo; un recién llegado de mucho éxito que podía sustituir a las manos, liberándolas para objetivos distintos, no comunicativos. Puede que haya habido, en realidad, dos corrientes evolutivas paralelas de las formas de lenguaje, una del habla y otra de la seña: esto indican las investigaciones de ciertos antropólogos, que han demostrado que coexisten lenguajes hablados y de señas en algunas tribus primitivas.[91] Así pues, los sordos y su lenguaje no sólo nos muestran la maleabilidad del sistema nervioso, sino sus aptitudes latentes.)

La característica más sobresaliente del lenguaje de señas (la que lo diferencia de los demás lenguajes y de las demás actividades mentales) es su utilización lingüística única del espacio.[92] La complejidad de este espacio lingüístico es abso-

91. Véase Lévy-Bruhl, 1966.
92. Como el mayor número de investigaciones sobre el lenguaje de señas se realiza en este momento en Estados Unidos, casi todos los descubrimientos se relacionan con el ameslán; pero también se están investigando otros lenguajes de señas (el danés, el ruso, el chino, el británico).

lutamente abrumadora para la vista «normal», que no puede percibir, y aún menos entender, la enorme complejidad de sus pautas espaciales.

Vemos, pues, que en el lenguaje de señas, en todos los niveles (léxico, gramatical, sintáctico), se hace un uso *lingüístico* del espacio: un uso asombrosamente complejo, ya que mucho de lo que en el habla es lineal, secuencial y temporal, es simultáneo, coincidente e incluye muchos niveles en la seña. La «superficie» de la seña puede parecer simple, como la del gesto o la de la mímica, pero pronto se descubre que es una ilusión, y que lo que parece tan simple es sumamente complejo y consiste en innumerables pautas espaciales encajadas unas en otras tridimensionalmente.[93]

El carácter sorprendente de esta gramática espacial, de la utilización lingüística del espacio, deslumbró por completo a los investigadores del lenguaje de señas en la década de 1970, y hasta la década actual no se ha prestado la misma atención al tiempo. Aunque ya se admitía una organización secuencial de las señas, se consideraba fonológicamente intrascendente, sobre todo porque no podía «leerse». Fue preciso el trabajo de una nueva generación de lingüistas (lin-

---

No hay ninguna razón para suponer que estos descubrimientos sean sólo aplicables al ameslán, probablemente lo sean a todo el grupo de lenguas espacio-visuales.

93. Cuando se aprende el lenguaje de señas, o cuando la vista llega a conectarse con él, se lo aprecia como algo fundamentalmente distinto por su naturaleza del gesto, y no se confunde ya jamás con él. La diferencia me pareció particularmente notoria en una reciente visita a Italia, pues los gestos italianos son (como todo el mundo sabe) grandes y exuberantes y operísticos, mientras que el lenguaje de señas italiano está rigurosamente encerrado dentro de un espacio de señalización convencional y rigurosamente determinado por todas las normas léxicas y gramaticales de un lenguaje de señas, y no tiene el menor carácter «italianizante»: la diferencia entre el paralenguaje del gesto y el lenguaje real de la seña se hace patente aquí, instantáneamente, hasta para los ojos del lego.

güistas en general sordos o usuarios naturales del lenguaje de señas, que pueden analizar sus matices partiendo de su propia experiencia, desde «dentro») para desvelar la importancia de estas secuencias dentro de las señas y entre ellas. Los hermanos Supalla, Ted y Sam, han sido verdaderos adelantados en este campo, junto con otros. Así Ted Supalla y Elisa Newport, en un artículo trascendental publicado en 1978, demostraron que había matices muy sutiles del movimiento que podían diferenciar algunos sustantivos de verbos relacionados: antes se creía (por ejemplo, Stokoe) que había una sola seña para «sentarse» y «silla», pero Supalla y Newport demostraron que las señas de estos dos conceptos están sutil pero claramente diferenciadas.[94]

La investigación más sistemática sobre el uso del tiempo en la seña se la debemos a Scott Liddell, Robert Johnson, y sus colegas de Gallaudet. Liddell y Johnson consideran el lenguaje de señas no una sucesión de configuraciones instantáneas «paralizadas» en el espacio, sino algo continua y profusamente modulado en el tiempo, con un dinamismo de «movimientos» y «pausas» análogo al de la música o el habla. Ellos han desentrañado varios tipos de secuencias en el ameslán (secuencias de contorno de las manos, emplazamientos, señas no manuales, movimientos locales, movimientos-y-pausas) así como segmentación interna (fonológica) dentro de las señas. El modelo de estructura simultáneo no logra representar estas secuencias, y puede impedir en realidad apreciarlas. Por eso ha sido necesario sustituir las descripciones y nociones estáticas anteriores por notaciones nuevas, dinámicas y con frecuencia muy complejas, que guardan cierta similitud con las que se utilizan para la música y la danza.[95]

94. Supalla y Newport, 1978.
95. Véase Liddell y Johnson, en prensa, y Liddell y Johnson, 1986.

Nadie ha estudiado estas nuevas investigaciones con más ahínco que el propio Stokoe, que se ha centrado específicamente en las posibilidades del «lenguaje de cuatro dimensiones»:[96]

> El habla sólo tiene una dimensión, su extensión en el tiempo; el lenguaje escrito tiene dos; los modelos tienen tres; pero sólo los lenguajes de señas tienen a su disposición cuatro dimensiones: las tres dimensiones espaciales a las que tiene acceso el cuerpo del que las hace y además la dimensión tiempo. Y el lenguaje de señas explota plenamente las posibilidades sintácticas a través de su medio de expresión cuatridimensional.

Stokoe cree que la consecuencia de esto (y respaldan su opinión las intuiciones de los autores, dramaturgos y artistas del lenguaje de señas) es que el lenguaje de señas no tiene una estructura meramente prosaica y narrativa sino también fundamentalmente «cinemática»:

> En un lenguaje de señas [...] la narración deja de ser lineal y prosaica. Porque lo fundamental del lenguaje de señas es que pasa de una perspectiva normal a un primer plano, a un plano largo, al primer plano otra vez, etcétera, incluyendo a veces escenas retrospectivas y hacia adelante, tal como se trabaja en el montaje de una película... El lenguaje de señas no sólo se organiza más como una película montada que como la narración escrita, sino que además cada individuo que habla por señas se sitúa en una posición muy semejante a la de una cámara. El campo de visión y el ángulo de enfoque son directos pero variables. No sólo es quien hace las señas el que tiene conciencia continua de la

96. Stokoe, 1979.

orientación visual de su interlocutor hacia aquello a lo que se está refiriendo, sino también el que las observa.

Por eso en esta tercera década de investigación la seña se considera plenamente comparable al habla (en cuanto a su fonología, sus aspectos temporales, sus flujos y secuencias), pero con posibilidades únicas suplementarias de tipo espacial y cinemático: una expresión y una transformación del pensamiento sumamente complejas y sin embargo clarísimas al mismo tiempo.[97]

Para descifrar esta estructura cuatridimensional enormemente compleja hace falta un soporte informático verdaderamente formidable así como una agudeza casi genial.[98] Y sin

97. Stokoe nos explica un poco, de nuevo, esta complejidad: «Cuando hay tres individuos o cuatro que hablan por señas de pie en una posición natural para la conversación [...] las transformadas espaciales no son ni mucho menos rotaciones de ciento ochenta grados del mundo visual tridimensional, sino que entrañan orientaciones que los que no hablan por señas raras veces entienden, si es que llegan a hacerlo alguna vez. Cuando todas las transformadas de este tipo y de otros se efectúan entre el campo visual del que habla y el de cada observador, el que habla ha transmitido el contenido de su mundo mental al observador. Si pudieran describirse todas las trayectorias de todas las acciones del lenguaje de señas (dirección y cambio de dirección de brazo, antebrazo, muñeca, mano y dedos en movimiento, todos los matices de todas las acciones de los ojos y el rostro y la cabeza), tendríamos una descripción de los fenómenos por los que se transforma el pensamiento en un lenguaje de señas... Para entender cómo interactúan el lenguaje, el pensamiento y el cuerpo habría que separar estas superposiciones de carácter semántico del agregado espacio-temporal.»

98. «Actualmente analizamos el movimiento tridimensional utilizando un sistema Op-Eye modificado, en el que un aparato de control permite la digitalización rápida de alta definición de los movimientos de la mano y el brazo. Cámaras optoelectrónicas siguen las posiciones de diodos emisores de luz fijados a las manos y a los brazos y transmiten una información digital directamente a un ordenador, que calcula trayectorias tridimensionales» (Poizner, Klima y Bellugi, 1987, p. 27). Véase figura 2.

embargo puede descifrarla también, sin esfuerzo, inconscientemente, un niño de tres años.[99]

¿Qué pasa en la mente y en el cerebro de ese niño que habla por señas o de cualquiera que habla por señas, que le convierte en un genio tal en el manejo de la seña, que le permite utilizar el espacio, «lingüistizar» el espacio, de un modo tan asombroso? ¿Qué clase de soporte informático ha de tener en la cabeza? Resulta difícil de entender que pueda darse ese virtuosismo espacial si pensamos en la experiencia «normal» del habla y del discurso, o en lo que de ellos sabe el neurólogo. En realidad puede resultar imposible para el cerebro «normal», es decir, el cerebro de alguien que no haya tenido un temprano contacto con la seña.[100] ¿Cuál es, pues, la base neurológica de la seña?

99. El aprendizaje de la lengua, aunque inconsciente, es una tarea prodigiosa. Pero, a pesar de las diferencias de modalidad, el aprendizaje del ameslán por los niños sordos guarda notables similitudes con el del lenguaje hablado por un niño oyente. Concretando más, el aprendizaje de la gramática parece idéntico, y se produce con relativa brusquedad, como una reorganización, una discontinuidad en el pensamiento y el desarrollo, cuando el niño pasa del gesto al lenguaje, del gesto o el señalar prelingüísticos, a un sistema lingüístico plenamente gramaticalizado: esto ocurre a la misma edad (de los 21 a los 24 meses aproximadamente) y del mismo modo si el niño es hablante que si utiliza señas.

100. Elissa Newport y Sam Supalla (véase Rymer, 1988) han demostrado que el que aprende tardíamente el lenguaje de señas (y eso significa después de los cinco años de edad), aunque pueda llegar a ser bastante competente en él, nunca controla todas sus sutilezas y complejidades, no es capaz de «ver» algunas de sus peculiaridades gramaticales. Es como si el desarrollo de la capacidad concreta lingüístico-espacial, de una función especial del hemisferio izquierdo, sólo fuese plenamente factible en los primeros años de la vida. Lo mismo sucede con el habla. Es algo que se aplica al lenguaje en general. Si no se aprende el lenguaje de señas en los cinco primeros años de la vida y se aprende más tarde, nunca se alcanza la fluidez y la corrección gramatical de la seña natural: se ha perdido cierta aptitud

143

Ursula Bellugi y sus colegas, después de pasar la década de 1970 estudiando la estructura de los lenguajes de señas, están estudiando ahora sus sustratos neurales. Esto les lleva a utilizar, entre otros, el método clásico de la neurología, que es analizar las consecuencias de diversas lesiones cerebrales; en este caso las consecuencias, en el lenguaje de señas y en el funcionamiento espacial en general, de lesiones u otros trastornos cerebrales en individuos sordos que hablan por señas.

Se ha creído durante un siglo o más (desde las tesis de Hughlings-Jackson en la década de 1870) que el hemisferio izquierdo del cerebro está especializado en tareas analíticas, sobre todo en el análisis léxico y gramatical que hace posible la comprensión del lenguaje hablado. Al hemisferio derecho se le han atribuido funciones complementarias, considerándolo especializado en totalidades más que en partes, en percepciones sincrónicas más que en análisis secuenciales, y se le ha relacionado, sobre todo, con el mundo visual y espacial. Es evidente que los lenguajes de señas desbordan unos límites tan estrictos, pues su estructura es léxica y gramatical pero también sincrónica y espacial. Debido a ello, no se sabía con certeza, ni siquiera hace una década, si el lenguaje de señas se hallaba emplazado en el cerebro unilateralmente (como el habla) o bilateralmente; en qué lado estaría en caso de unilateralidad; si podía quedar afectada la sintaxis independientemente del vocabulario en caso de una afasia de la seña; y lo más intrigante: si en los sordos que hablan por señas tenía una base neural diferente (y en teoría más fuerte) la organización espacial, sobre todo el sentido espacial, debido

---

gramatical básica. Pero en cambio, si se pone en contacto a un niño pequeño con un lenguaje de señas no del todo perfecto (debido, por ejemplo, a que los padres lo aprendieron tardíamente), el niño desarrollará un lenguaje de señas gramaticalmente correcto; una prueba más de que existe una aptitud gramatical innata en la infancia.

a que en la seña se hallan entremezcladas las relaciones espaciales y las gramaticales.

Éstos fueron algunos de los interrogantes que se plantearon Bellugi y sus colegas cuando iniciaron su investigación.[101] Los datos concretos que se conocían por entonces sobre los efectos de ataques de apoplejía y otras lesiones cerebrales sobre el lenguaje de señas eran escasos, y confusos y deficientes en general, debido en parte a que apenas se diferenciaba entre el lenguaje de señas propiamente dicho y el deletreo dactilar. De hecho, el primer descubrimiento de Bellugi, un descubrimiento decisivo, fue que el hemisferio izquierdo del cerebro *es* esencial para la seña, igual que para el habla; que la seña utiliza algunas de las vías neurales necesarias para el habla gramatical, pero también otras normalmente relacionadas con los procesos visuales.

Helen Melville nos ha aclarado también que el que habla por señas utiliza predominantemente el hemisferio izquierdo, al demostrar que la seña se «lee» con mayor rapidez y precisión cuando se presenta en el campo visual derecho (la información de cada uno de los lados del campo visual la maneja siempre el hemisferio opuesto). Esto se puede demostrar también, de forma harto elocuente, por los efectos de las lesiones que se producen (por apoplejía, etcétera) en ciertas áreas del hemisferio izquierdo. Estas lesiones pueden provocar una afasia de la seña, una deficiencia en la comprensión o el uso de la seña análogo a la afasia del habla. Estas afasias de la seña pueden afectar al vocabulario o a la gramática de la seña (incluida la sintaxis organizada espacialmente) de forma

101. El presciente Hughlings-Jackson escribió hace un siglo: «No hay duda de que el cerebro del sordomudo podría perder por enfermedad de alguna de sus partes su sistema natural de señas que son para él de valor similar al habla», y creía que esto tendría que afectar al hemisferio izquierdo.

diferenciada, así como a la capacidad general de «proposicionar» que Hughlings-Jackson consideraba básica en el lenguaje.[102] Pero en los afásicos de la seña *no* hay deterioro de otras aptitudes espacio-visuales no lingüísticas. (El gesto, por ejemplo, es decir los movimientos expresivos no gramaticales que todos hacemos, como encogernos de hombros, decir adiós con la mano, blandir un puño, etcétera, persisten en la afasia aunque se pierda la seña, lo que marca una diferenciación absoluta entre los dos. De hecho se puede enseñar a los pacientes con afasia a utilizar el «código gestual amerindio», pero no pueden servirse sin embargo del lenguaje de señas, lo mismo que no pueden servirse del habla.)[103] Por el contrario, en los

102. Prueba del parentesco entre la afasia del habla y la afasia de la seña es un caso reciente del que informan Damasio y otros en el que se sometió a una prueba de Wada (una inyección de amital sódico en la arteria carótida izquierda, para determinar si era dominante el hemisferio izquierdo o no) a un joven, un oyente intérprete en lenguaje de señas con epilepsia, que produjo una afasia temporal del habla y de la seña. Empezó a recobrar la capacidad de hablar inglés al cabo de cuatro minutos; la afasia de la seña se prolongó un minuto más, aproximadamente. Se realizaron exploraciones PET sucesivas durante el experimento que mostraron que participaban porciones más o menos similares del hemisferio izquierdo en el habla y en la seña, aunque esta última parecía abarcar también áreas más grandes del cerebro, en particular el lóbulo parietal izquierdo (Damasio *et al.,* 1986).

103. Hay pruebas considerables de que el lenguaje de señas puede ser útil con ciertos niños autistas que no quieren hablar o no pueden; el lenguaje de señas puede proporcionar a esos niños cierto grado de comunicación que parecía imposible (Bonvillian y Nelson, 1976). Esto puede deberse en parte, según Rapin, a que algunos niños autistas pueden tener problemas neurológicos específicos en la esfera auditiva, y tener mucho más intacta la esfera visual.

Aunque el lenguaje de señas no puede ser de ninguna utilidad para los afásicos, *puede* ayudar a los retardados y seniles con capacidad muy limitada o erosionada para el lenguaje hablado. Esto puede deberse en parte a la expresividad gráfica e icónica del lenguaje de señas y en parte a la

que hablan por señas y sufren apoplejías o lesiones en el hemisferio derecho puede haber una desorganización espacial grave, incapacidad para apreciar la perspectiva y, a veces, el lado izquierdo del espacio..., pero no son afásicos y a pesar de sus graves deficiencias espacio-visuales conservan plenamente la capacidad de hablar por señas. Así pues, los que hablan por señas muestran la misma lateralización cerebral que los hablantes aunque su lenguaje sea por naturaleza completamente espacio-visual (y corresponda, por ello, al hemisferio derecho).

Este descubrimiento es, si lo pensamos bien, sorprendente y obvio a la vez y nos lleva a dos conclusiones. Confirma, en el plano neurológico, que la seña *es* un lenguaje y que el cerebro la aborda como tal, aunque sea visual más que auditiva, y aunque se organice espacial más que secuencialmente. Y corresponde como lenguaje al hemisferio izquierdo del cerebro, que está especializado biológicamente en esa función concreta.

El hecho de que la seña dependa del hemisferio izquierdo, pese a su organización espacial, indica que hay una representación de espacio «lingüístico» en el cerebro completamente distinta del espacio «topográfico» ordinario. Bellugi aporta una confirmación de esto notable y sorprendente. Uno de sus sujetos de experimentación, Brenda I., con una enorme lesión en el hemisferio derecho, pasaba por alto patentemente el lado izquierdo del espacio, de modo que cuando describía su habitación lo colocaba todo sin orden ni concierto en el derecho, dejando el izquierdo absolutamente vacío. Para ella ya no existía el lado izquierdo del espacio, del espacio topográfico (figura 3 a-b). Pero cuando hablaba por señas efectuaba emplazamientos espaciales y se expresaba li-

---

relativa simplicidad motora de sus movimientos, si los comparamos con la vulnerabilidad y la complejidad extremas del mecanismo del habla.

bremente por todo el espacio lingüístico, incluido el lado izquierdo (figura 3c). Así pues, su espacio perceptivo, su espacio topográfico, que dependía del hemisferio derecho, era notoriamente defectuoso; pero su espacio lingüístico, su espacio sintáctico, que dependía del izquierdo, seguía intacto.

Así pues, quienes hablan por señas desarrollan una nueva forma de representar el espacio muy perfeccionada;[104] un nuevo *tipo* de espacio, un espacio convencional, sin ninguna analogía con el de los que no hablamos por señas. Esto revela una tendencia neurológica absolutamente original. Es como si en los que hablan por señas el hemisferio izquierdo se «apoderase» de un campo de percepción espacio-visual, lo modificase, lo afinase, de un modo extraordinario, dándole un carácter nuevo, sumamente analítico y abstracto, y haciendo posibles así un lenguaje y una concepción visuales.[105]

104. Puede haber otros medios de establecer ese espacio formal, así como un gran acrecentamiento de la función cognitivo-visual en general. Vemos, por ejemplo, que con la difusión de los ordenadores personales en la última década existe la posibilidad de organizar y trasladar información lógica en el «espacio» (del ordenador) para construir (y girar o transformar de otro modo) las figuras o modelos tridimensionales más completos. Esto ha llevado al desarrollo de un nuevo tipo de experiencia: una posibilidad de imaginería visual (sobre todo imágenes de transformadas topológicas) y de pensamiento lógico-visual que era muy raro sin duda en la era anterior al ordenador. De este modo pueden llegar a ser «adeptos» visuales prácticamente todos los individuos, o al menos todos los menores de catorce años. Después de esa edad es mucho más difícil conseguir una fluidez informático-visual, como lo es conseguir la fluidez lingüística. Los padres descubren una y otra vez que sus hijos pueden llegar a ser prodigios informáticos mientras que ellos no pueden: otro ejemplo, quizás, de edad crítica. Parece probable que este acrecentamiento de las funciones cognitivo-visuales y lógico-visuales exija un cambio a edad muy temprana en el sentido de un predominio del hemisferio izquierdo.

105. Nuevo, pero potencialmente universal. Porque, como en Martha's Vineyard, poblaciones enteras, oyentes y sordos por igual, pueden llegar a hablar con fluidez un lenguaje de señas como su lenguaje natural.

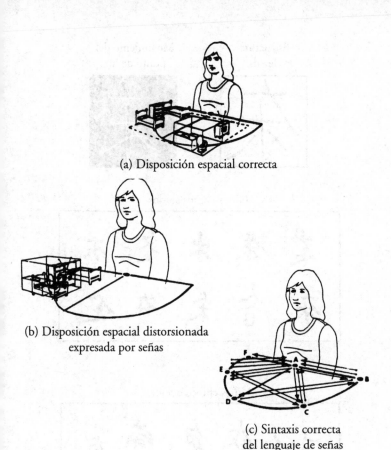

(a) Disposición espacial correcta

(b) Disposición espacial distorsionada
expresada por señas

(c) Sintaxis correcta
del lenguaje de señas

Figura 3. Brenda sufrió una grave lesión en el hemisferio cerebral derecho que destruyó su capacidad de «cartografiar» por el lado izquierdo,
pero no su capacidad de usar la sintaxis. La figura (a) muestra la disposición real de la habitación de Brenda, correctamente expresada en señas.
Figura (b): Brenda al describir su habitación deja vacío el lado izquierdo
de ésta y amontona (mentalmente) todo el mobiliario en el derecho. No
puede ni concebir siquiera la idea de «izquierda». Figura (c): pero cuando
habla por señas, utiliza todo el espacio, lado izquierdo incluido, para expresar relaciones sintácticas. (Reimpreso con permiso de *What the Hands
Reveal About the Brain,* H. Poizner, E. S. Klima y U. Bellugi, The MIT
Press/Bradford Books, 1987.)

Estructura elegida	Movimiento del punto de luz

Niños chinos sordos

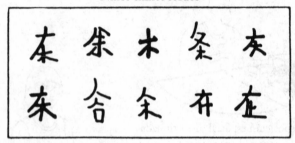

Niños chinos oyentes

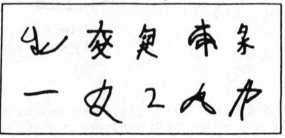

Figura 4. En la prueba realizada con los niños chinos, consistente en reproducir un carácter chino falso (presentado como el despliegue de un punto en movimiento), los niños sordos lo hicieron muy bien y los oyentes muy mal. (Reimpreso con permiso de «Dyslexia: Perspectives from Sing and Script», U. Bellugi, Q. Tzeng, E. S. Klima y A. Fok. En A. Galaburda, ed., *From Neuron to Reading,* The MIT Press/Bradford Press, 1989.)

Hemos de preguntarnos si esta capacidad lingüístico-espacial es la única peculiaridad de los que hablan por señas. ¿Desarrollan otras aptitudes espacio-visuales distintas no lingüísticas? ¿Existe la posibilidad de una nueva forma de *inteligencia* visual?[106] Esta cuestión ha llevado a Bellugi y a sus colegas a iniciar un estudio fascinante de la cognición visual en los sordos que hablan por señas. Compararon la actuación de niños sordos cuyo lenguaje natural era la seña con la de niños oyentes que no hablaban por señas en una serie de pruebas espacio-visuales. En las pruebas de construcción espacial, los niños sordos obtuvieron mucho mejores resultados que los oyentes, y en realidad muy superiores a los «normales». Los resultados fueron similares en pruebas de organización espacial, es decir, la capacidad para percibir un conjunto a partir de partes inconexas, la capacidad de percibir (o concebir) un objeto. Los niños sordos de cuatro años obtuvieron también

---

Así pues, la capacidad (la base neuronal) para aprender el lenguaje de señas (y todas las capacidades no lingüísticas que acompañan a éste) se halla presente sin duda, en potencia, en todos nosotros.

Debe de haber innumerables potencias neuronales con las que nacemos pero que pueden desarrollarse o deteriorarse según el uso. El crecimiento del sistema nervioso, y sobre todo del córtex cerebral, lo guía y lo moldea, *lo esculpe*, dentro de sus limitaciones genéticas, la primera experiencia del individuo. Así, la capacidad de diferenciar fonemas tiene una gama inmensa en los seis primeros meses de vida, pero luego se restringe en función del habla concreta con la que los niños entran en contacto, de tal manera que los niños japoneses pasan a ser incapaces, por ejemplo, de diferenciar ya una «L» de una «R», y los niños estadounidenses, por su parte, diversos fonemas japoneses. En realidad no hay escasez de neuronas; no hay peligro de que al desarrollar una potencia se «agote» una reserva limitada de neuronas y sea imposible desarrollar otras. Es preferible sin ninguna duda disponer del entorno más rico posible, no sólo lingüísticamente, sino en todos los sentidos, durante ese primer período decisivo de crecimiento y maleabilidad cerebral.

106. Bellugi *et al.*, 1989.

aquí resultados extraordinarios, logrando puntuaciones que no podían igualar algunos estudiantes de bachillerato oyentes. En una prueba de reconocimiento facial (la prueba de Benton, que evalúa el reconocimiento facial y la transformación espacial) los niños sordos volvieron a situarse claramente por delante de los oyentes y muy por encima de sus niveles cronológicos.

Pero los resultados más espectaculares quizás sean los que obtuvo Bellugi con niños sordos y oyentes de Hong Kong. Puso a prueba su capacidad para apreciar y recordar «pseudocaracteres» chinos sin sentido presentados como pautas rápidas de luz. Aquí los niños sordos que hablaban por señas obtuvieron unos resultados asombrosos y los niños oyentes fueron prácticamente incapaces de realizar la tarea (véase figura 4). Al parecer, los niños sordos consiguieron «analizar» estos pseudocaracteres, fueron capaces de efectuar un análisis espacial muy complejo, y esto potenció enormemente su capacidad de percepción visual, permitiéndoles «ver» los pseudocaracteres con una ojeada. Luego se repitió el experimento con adultos estadounidenses sordos y oyentes que no tenían ningún conocimiento del chino y los sordos consiguieron también resultados notoriamente superiores.

Estas pruebas, en las que los niños que hablan por señas obtienen resultados muy superiores a los normales (una superioridad que es especialmente marcada en los primeros años de la vida), muestran claramente las habilidades visuales específicas que se adquieren al aprender a hablar por señas. Como dice Bellugi, la prueba de organización espacial no sólo exige reconocer y nombrar objetos, sino también rotación mental, percepción de la forma y organización espacial, operaciones importantes todas ellas en relación con los soportes espaciales de la sintaxis del lenguaje de señas. La habilidad para diferenciar rostros y para apreciar variaciones sutiles de la expresión facial tiene también una importancia extraordinaria para el que habla por señas, pues la expresión facial desempeña un papel importantísimo en la gramática del ameslán.[107]

La capacidad de diferenciar configuraciones discretas o «cuadros» en un flujo continuo de movimiento (como en el caso de los pseudocaracteres chinos) desvela otra habilidad importante de los que hablan por señas: su mayor aptitud para «analizar el movimiento». Esto se considera análogo a la capacidad para descomponer y analizar el habla a partir de una pauta continua de ondas sonoras en cambio constante.

107. Este uso lingüístico del rostro es típico de quienes hablan por señas; es muy distinto de su uso normal, afectivo, y tiene, de hecho, una base neural distinta. Así lo ha demostrado hace muy poco en estudios experimentales David Corina. En estos estudios se mostraron rostros, con expresiones que podían interpretarse como «afectivas» o «lingüísticas», taquitoscópicamente, a los campos visuales derecho e izquierdo de sujetos sordos y oyentes. Se reveló que los sujetos oyentes procesaban estos datos en el hemisferio derecho, mientras que los sordos mostraban predominio del hemisferio izquierdo en la «decodificación» de expresiones faciales y lingüísticas (Corina, 1989).

Los pocos casos estudiados de consecuencias de lesiones cerebrales en sordos que hablaban por señas en cuanto al reconocimiento facial muestran una disociación similar entre la percepción de expresiones faciales afectivas y lingüísticas. Así, en el caso de lesiones del hemisferio izquierdo de sujetos que hablaban por señas, las «proposiciones» lingüísticas del rostro pueden pasar a ser ininteligibles (como parte de una afasia general de la seña), pero la expresividad de la cara, en el sentido ordinario, se conserva plenamente. Por el contrario, en las lesiones del hemisferio derecho, puede aparecer incapacidad para identificar rostros o sus expresiones ordinarias (una supuesta prosopagnosia), aunque sigan percibiéndose fluidamente en su dimensión lingüística y sigan «proposicionizando» en el lenguaje de señas.

Esa disociación entre expresiones faciales afectivas y lingüísticas puede extenderse también a su producción. Así, un paciente con lesión en el hemisferio derecho estudiado por el grupo de Bellugi podía emitir expresiones faciales lingüísticas cuando se le pedía, pero carecía de las expresiones faciales afectivas ordinarias.

153

Todos tenemos esta capacidad en la esfera auditiva, pero sólo los que hablan por señas la tienen tan espectacularmente intensificada en la esfera visual.[108] Y también esto es fundamental, claro, para entender un lenguaje visual, que se despliega en el tiempo además de desplegarse en el espacio.

¿Se puede localizar una base cerebral de esta ampliación de la cognición espacial? Neville ha estudiado las correlaciones fisiológicas de estos cambios perceptivos, registrando las variaciones que se producen en las reacciones eléctricas del cerebro (potenciales evocados) a los estímulos visuales, concretamente a movimientos en el campo visual periférico. (Es imprescindible que se refuerce la percepción de estos estímulos para poder comunicarse en lenguaje de señas, pues los ojos de los que hablan por señas se centran generalmente en el rostro del interlocutor y los movimientos de las manos quedan por ello en la periferia del campo visual.) Neville ha comparado estas reacciones en tres grupos de sujetos: sordos que hablan por señas como su lengua natural, oyentes que no hablan por señas y oyentes para los que la seña es su lenguaje natural (normalmente hijos de padres sordos).

Los sordos que hablan por señas muestran una velocidad de reacción mayor a estos estímulos, y esto va acompañado de un aumento de potenciales evocados en los lóbulos occipitales del cerebro, las áreas de recepción primarias de la visión. Este aumento de la velocidad y de los potenciales del área occipital no se observó en ninguno de los sujetos oyentes, y parece indicar un fenómeno compensatorio: el fortalecimiento de un sentido en sustitución de otro (puede haber también una sensibilidad auditiva mayor en los ciegos).[109]

108. Para una visión de conjunto de la obra de Neville, véase Neville, 1988, y Neville, 1989.

109. La vieja idea de que la pérdida de la audición puede producir un aumento «compensatorio» de la capacidad visual no puede atribuirse

Pero había también fortalecimientos en niveles superiores: los sujetos sordos apreciaban con más precisión la dirección del movimiento, sobre todo cuando se producía en el campo visual derecho, y había un aumento correlativo de potenciales evocados en las regiones parietales del hemisferio izquierdo. Estos fortalecimientos aparecían también en los

---

sólo a la utilización del lenguaje de señas. Todos los sordos (incluidos los poslingüísticos, que permanecen en el mundo del habla) experimentan cierto reforzamiento de la sensibilidad visual, y tienden hacia una orientación más visual, como explica David Wright: «No percibo más pero percibo de forma distinta. Lo que percibo, y lo percibo con agudeza porque tengo que hacerlo, porque constituye para mí casi el total de los datos necesarios para la interpretación y el diagnóstico de los acontecimientos, es el movimiento por lo que respecta a los objetos; y en el caso de animales y de seres humanos, la actitud, la expresión, el paso y el gesto [...] Por ejemplo, cuando alguien espera impaciente que un amigo termine una conversación telefónica con otra persona sabe cuándo está a punto de terminar por las palabras que dice y la entonación de la voz. También un sordo (como la persona que hace cola junto a una cabina de paredes de cristal) percibe el momento de la despedida o el propósito decidido de colgar. Percibe un cambio en la mano que sujeta el aparato, un cambio de postura, la cabeza se separa una fracción de milímetro del aparato, el individuo arrastra ligeramente los pies, y se produce ese cambio de expresión que indica que se ha tomado una decisión. Desvinculado de claves auditivas, aprende a interpretar los datos visuales más leves» (Wright, 1969, p. 112).

También puede darse, y persistir, una agudeza similar en los hijos oyentes de padres sordos. Por ejemplo en el caso que describió Arlow (1976): «El paciente miraba atentamente las caras de sus padres desde la temprana infancia [...] Llegó a adquirir así una capacidad agudizada para apreciar intenciones y significados que pueden comunicarse a través de expresiones de la cara [... Era, como su padre sordo, sumamente sensible a los rostros de las personas y podía formar juicios acertados sobre las intenciones y la sinceridad de aquellos con los que se relacionaba por sus negocios [...] Estaba convencido de que en las negociaciones mercantiles ordinarias tenía una notable ventaja frente a sus adversarios.»

niños oyentes de padres sordos y no tienen que considerarse por tanto consecuencia de la sordera sino del aprendizaje a muy temprana edad del lenguaje de señas (que exige una percepción muy superior de los estímulos visuales). Pero no sólo se modifica en los que hablan por señas la percepción del movimiento en el campo visual periférico, que de ser función del hemisferio derecho pasa a serlo del izquierdo. Neville y Bellugi obtuvieron pruebas (muy pronto, en realidad) de una especialización similar del hemisferio izquierdo (y un cambio de especialización del hemisferio derecho «normal» en la identificación de cuadros, la localización de puntos y el reconocimiento de rostros) en individuos que hablaban por señas y eran sordos.[110]

Pero los mayores fortalecimientos se observaron en individuos sordos que hablaban por señas. En ellos el fortalecimiento de los potenciales evocados se propagaba curiosamente hacia adelante, hacia el lóbulo temporal izquierdo, al que suelen atribuirse funciones puramente auditivas. Se trata de un descubrimiento muy notable y yo sospecho que

110. No se trata de que se transfiera al hemisferio izquierdo todo el proceso cognoscitivo-visual en el caso de los sordos que hablan por señas. Los efectos perturbadores (devastadores incluso) de las lesiones del hemisferio derecho en los individuos que hablan por señas demuestran claramente que este hemisferio es también decisivo para algunas de las aptitudes cognoscitivo-visuales en que se basa la capacidad de hablar por señas. S. M. Kosslyn ha dicho recientemente que el hemisferio izquierdo quizás sea más apto para la generación de imágenes, y el derecho para su transformación y manejo (Kosslyn, 1987); si es así, lesiones en hemisferios opuestos pueden afectar discriminadamente a elementos de la formación mental de imágenes y de las representaciones mentales del espacio en el lenguaje de señas. Bellugi y Neville tienen previstos más estudios para ver si pueden determinar estos efectos diferenciados (tanto en tareas perceptuales simples como en formas complejas de representación icónica) en individuos que hablen por señas y que tengan lesiones en un hemisferio u otro (véase Neville y Bellugi, 1978).

fundamental, pues indica que áreas normalmente auditivas se *reasignan* para funciones visuales en los individuos sordos que hablan por señas. Se trata sin duda de una de las pruebas más asombrosas de lo moldeable que es el sistema nervioso y de su capacidad de adaptación a una forma sensorial distinta.[111]

Este descubrimiento plantea también interrogantes fundamentales respecto a en qué medida el sistema nervioso, o al menos el córtex cerebral, se halla rigurosamente determinado por condiciones genéticas innatas (con centros fijos y localización fija, con áreas que tienen el «soporte físico» preciso para funciones específicas, que están «predestinadas» o «preprogramadas» para esas funciones) y en qué medida es moldeable y pueden modificarlo las particularidades de la experiencia sensorial. Los famosos experimentos de Hubel y Wiesel han demostrado que los estímulos visuales pueden modificar considerablemente el córtex visual, pero no aclaran qué cuantía de estimulación sólo activa potenciales que estaban presentes, y qué cuantía específica los moldea y conforma. Los experimentos de Neville indican una adecuación de la función a la experiencia, ya que no podemos pretender que el córtex auditivo haya estado «esperando» la sordera o la estimulación visual para hacerse visual y cambiar de carácter. Es muy difícil explicar estos hechos, salvo que se haga con una teoría radicalmente distinta, una teoría que no considere el sistema nervioso una máquina universal preprogramada y con el soporte material preciso para (potencialmente) todo,

111. Aunque Neville sólo ha obtenido hasta ahora pruebas electrofisiológicas de esta reubicación (están previstos estudios de exploración PET, de neuroimagen), se han obtenido recientemente importantes pruebas *anatómicas* de ello. Así, si se deja centralmente sordos a hurones recién nacidos (cortando las fibras que van a los principales núcleos auditivos), se modifican varias vías y centros auditivos, que pasan a ser exclusivamente visuales en su morfología y en su función (Sur *et al.,* 1988).

sino un *hacerse* distinto, con libertad para adoptar formas completamente distintas, dentro de los límites de lo posible desde el punto de vista genético.

Para entender el significado de estos datos hemos de enfocar también de una forma distinta los hemisferios cerebrales y sus diferencias y papeles dinámicos en relación con las tareas cognoscitivas. Elkhonon Goldberg y sus colegas exponen este nuevo enfoque en una serie de artículos experimentales y teóricos.[112] Según la opinión clásica, los dos hemisferios cerebrales tienen funciones fijas (o «encomendadas») que se excluyen mutuamente: lingüísticas/no lingüísticas, sucesivas/simultáneas y analíticas/gestálticas. Éstas son algunas de las dicotomías propuestas. Tal punto de vista choca con dificultades evidentes cuando lo confrontamos con un lenguaje espacio-visual.

Goldberg amplió primero el campo del «lenguaje» al de los «sistemas descriptivos» en general. Según su planteamiento estos sistemas descriptivos son superestructuras impuestas a sistemas elementales de «percepción de rasgos» (por ejemplo, los del córtex visual) y en la cognición normal operan diversos sistemas (o «códigos») de este tipo. Uno de estos sistemas es, claro está, el lenguaje natural; pero puede haber muchos más, por ejemplo los lenguajes matemáticos formales, la notación musical, juegos, etcétera (siempre que estén codificados mediante notaciones especiales). Es característico de todos ellos el que se aborden primero de un modo tanteante y vacilante y que se adquiera luego una perfección automática. Así pues, puede haber con ellos, y con todas las tareas cognoscitivas, dos vías de aproximación, dos «estrategias» ce-

112. Figuran entre ellos Goldberg, Vaughan y Gerstman, 1978; y Goldberg y Costa, 1981. Véase también Goldberg, 1989.

rebrales y un cambio (con el aprendizaje) de una a otra. En este planteamiento el papel del hemisferio derecho es decisivo para afrontar situaciones *nuevas*, para las que aún no existe ningún código o sistema descriptivo establecido... y se considera también que participa en el ensamblaje de estos códigos. Cuando un código de este tipo ha sido ensamblado o se lo ha hecho aflorar hay una transferencia de función del hemisferio derecho al izquierdo, pues este último controla todos los procesos que se organizan de acuerdo con estas gramáticas o códigos. (Así, una tarea lingüística nueva, pese a ser lingüística, la efectuará en principio predominantemente el hemisferio derecho, y sólo después se regularizará como función del izquierdo. Y en una tarea espacio-visual, por el contrario, pese a ser espacio-visual, si puede fijarse en una notación o código, habrá un predominio del hemisferio izquierdo.)[113]

Con este enfoque (tan distinto de las teorías clásicas de las especificidades hemisféricas fijas) podemos entender el papel de la experiencia y el desarrollo *del individuo* cuando pasa de sus primeros tanteos (en las tareas lingüísticas o en otras tareas cognoscitivas) al dominio y la perfección.[114] (Ninguno

113. Hablando de ese período de edad crítica en el aprendizaje del idioma (que él considera relacionado con el asentamiento del predominio hemisférico), Lenneberg dice que en los sordos congénitos se establece la lateralización normal siempre que se efectúe el aprendizaje antes de los siete años. Pero hay veces, sin embargo, en que la lateralización cerebral no se establece bien: quizás, escribe Lenneberg, «un porcentaje relativamente grande de sordos congénitos (lingüísticamente incompetentes) se incluya en esta categoría».

Parece ser que el aprendizaje del habla o de la seña a muy temprana edad activa las facultades lingüísticas del hemisferio izquierdo, y la ausencia de lenguaje, parcial o absoluta, parece retrasar el proceso de desarrollo y crecimiento del hemisferio izquierdo.

114. Cudworth explica, en el siglo XVII: «El pintor hábil y ducho en el arte apreciará muchas delicadezas y peculiaridades de éste, y le causarán mucho placer pinceladas y sombras diversas de un cuadro, en las que

de los dos hemisferios es «mejor» o «más avanzado» que el otro; están sólo adaptados a etapas de elaboración de datos y a dimensiones distintas. Los dos son complementarios, interactuantes; y permiten entre los dos el dominio de nuevas tareas.) Con este planteamiento se explica claramente, sin paradojas, cómo la seña (pese a ser espacio-visual) puede con-

---

el lego no puede apreciar nada; y el músico que escucha a un conjunto de hábiles intérpretes tocando alguna composición excelsa de varias partes, se quedará completamente arrobado con muchos acordes y artificios armónicos a los que el oído vulgar es completamente insensible.» (R. Cudworth, «Treatise Containing Eternal and Immutable Morality», citado en Chomsky, 1966).

La capacidad de pasar de un «oído vulgar» y una «visión corriente» a la pericia y la habilidad en el arte acompañan al paso del predominio del hemisferio derecho al izquierdo. Hay bastantes pruebas (procedentes de estudios de los efectos de lesiones cerebrales, como los de A. R. Luria, y de experimentos de audición dicótica) de que aunque la percepción musical es sobre todo función del hemisferio derecho en oyentes básicamente «ingenuos», se convierte en función del izquierdo en músicos profesionales y oyentes «expertos» (que captan su «gramática» y sus reglas, y para los que se ha convertido en una compleja estructura formal). Los hablantes de cantonés o tai necesitan un tipo especial de «audición experta», pues la morfología de esas lenguas se basa en un tipo de discriminación tonal que no se da en los idiomas europeos. Hay pruebas de que esto, que es normalmente una función del hemisferio derecho, se convierte en el caso de los que hablan tai con fluidez en una función del izquierdo: en ellos se agudiza mucho la audición en el oído derecho y por tanto en el hemisferio izquierdo, y hay un grave deterioro cuando se producen apoplejías o lesiones en dicho hemisferio.

También se observa un cambio similar en quienes se convierten en «expertos» matemáticos o aritméticos capaces de ver los conceptos matemáticos o los números como parte de un enorme esquema o universo intelectual bien estructurado. Esto puede darse también en pintores y diseñadores de interiores, que ven el espacio y las relaciones visuales como no puede verlas el «ojo normal». Y les sucede también a quienes adquieren una gran pericia en el whist, o con el código morse o en el ajedrez. Todas las capas superiores de la inteligencia científica o artística, así

vertirse en función del hemisferio izquierdo, y cómo aptitudes visuales de muchos otros tipos (desde la percepción del movimiento a la de modelos, desde la percepción de la relación espacial a la de las expresiones faciales), al participar en el lenguaje de señas, acaban arrastradas con éste, cuando se asienta, convirtiéndose también en funciones del hemisferio izquierdo. Podemos entender así por qué el que habla por señas se convierte en una especie de «experto» visual en diversos sentidos, y no sólo en las tareas lingüísticas sino también en las no lingüísticas; cómo puede desarrollarse no sólo el lenguaje visual sino también una inteligencia y una sensibilidad visuales específicas.

Necesitamos pruebas más sólidas del desarrollo de una visualidad «superior», de un estilo visual, comparables a las que presentaron Bellugi y Neville del fortalecimiento de funciones cognoscitivo-visuales «inferiores» en los sordos.[115] Hasta ahora contamos más que nada con anécdotas y des-

---

como las habilidades intrascendentes de los juegos, requieren sistemas representativos que son funcionalmente similares al lenguaje y que se desarrollan como él; todos ellos parecen pasar a convertirse en especialidades del hemisferio izquierdo.

115. Hay mucha literatura científica, un tanto polémica, sobre el carácter de la función cognoscitiva en los sordos. Existen algunas pruebas de que su vigorosa visualidad les predispone hacia formas de memoria y de pensamiento específicamente «visuales» (o lógico-espaciales); que, si hay problemas complejos con varias etapas, el sordo tiende a disponer estos problemas, y sus hipótesis, en un espacio lógico, mientras que el oyente las dispone en un orden temporal o «auditivo» (véase, por ejemplo, Belmont, Karchmer y Bourg, 1983).

No cabe duda de que en un sentido cultural podemos hablar de la mentalidad sorda, lo mismo que podemos hablar de la mentalidad judía o de la japonesa, como de una mentalidad que se distingue por creencias, perspectivas, imágenes y sensibilidades culturales concretas. Pero no podemos hablar razonablemente de una mente judía o japonesa en un sentido neurológico, mientras que sí podemos hacerlo en relación con la

cripciones; pero las descripciones son extraordinarias y exigen un examen detenido. Hasta Bellugi y sus colegas, que raras veces se apartan de la descripción rigurosamente científica, se sintieron obligados a incluir, de pasada, en su libro *What the Hands Reveal about the Brain*, esta breve descripción.[116]

La primera vez que apreciamos plenamente esta cualidad cartográfica del lenguaje de señas fue cuando un amigo sordo que estaba de visita nos explicó su reciente traslado a un piso nuevo. Durante unos cinco minutos describió la casa de campo con jardín a la que se había ido a vivir: habitaciones, distribución, mobiliario, ventanas, paisaje, etcétera. Lo describió todo con exquisito detalle y con un lenguaje de señas tan explícito que teníamos la sensación de

---

mente sorda. Hay un número excepcional de ingenieros sordos, arquitectos sordos y matemáticos sordos, que tienen, entre otras cosas, gran facilidad para imaginar y pensar en espacio tridimensional, imaginar transformaciones espaciales y concebir espacios abstractos y topológicos complejos. Esto probablemente se base en parte en una disposición neurológica, en la estructura neuropsicológica o cognitiva de la mente sorda.

Los hijos oyentes de padres sordos, que aprenden el lenguaje de señas como primer lenguaje, y presentan incrementos notables de la capacidad visual a pesar de que oyen, no sólo pueden ser bilingües, sino «bimentales», en el sentido de poder utilizar dos formas de actuación mental completamente distintas, o poder tener acceso a ellas. Desde luego algunos de ellos hablarán de «cambiar» no sólo de lenguaje sino de forma de pensamiento, según estén, o quieran estar, en una forma visual (lenguaje de señas) o en una verbal. Y algunos, como Deborah H., pasarán de una a otra en función de sus propias necesidades mentales (n. 45, p. 73). Sería muy interesante investigar más esto, determinar, por ejemplo, si ese «cambio» se corresponde con transformaciones neurofisiológicas bien definidas en el cerebro, de una forma predominantemente auditiva a otra visual, y viceversa.

116. Poizner, Klima y Bellugi, 1987, p. 206.

que había esculpido ante nosotros la casa entera, el jardín, las colinas, los árboles, todo.

Es difícil que los demás entendamos plenamente lo que se cuenta aquí: hay que verlo. Se parece mucho a lo que explican de Charlotte sus padres, de que es capaz de recrear un paisaje real (o de ficción) con tanta precisión, tan detalladamente, con tanto vigor, que embelesa y transporta al espectador. El dominio de esta capacidad pictórica, gráfica, llega con el uso del lenguaje de señas, aunque la seña en sí no sea en absoluto un «lenguaje-pintura».

La otra cara de esta pericia lingüística, y visual en general, es la función intelectual y lingüística trágicamente pobre que puede aquejar a gran número de niños sordos. Es evidente que esa competencia lingüística y esa competencia visual tan elevadas de los sordos que tienen un desarrollo normal hacen que se establezca una intensa lateralización cerebral, con un cambio de funciones lingüísticas (y también de funciones cognoscitivo-visuales en general) a un hemisferio *izquierdo* bien desarrollado. Pero ¿cuál es, neurológicamente, la situación de los sordos con un desarrollo deficiente?

A Rapin le asombró «una deficiencia lingüística sorprendente» de muchos niños sordos con los que trabajaba; se trataba en concreto de la incapacidad para entender las formas interrogativas, para entender la estructura de las frases, la incapacidad para manipular el código lingüístico. Schlesinger nos muestra otras dimensiones de esta deficiencia, dimensiones que la amplían de lo lingüístico a lo intelectual: al sordo de escasa instrucción no sólo le resulta difícil, según ella, entender las preguntas sino que sólo alude a objetos del entorno inmediato, no concibe lo remoto ni las contingencias, no formula hipótesis, no se eleva a categorías de rango superior, y está en general encerrado en un mundo preconceptual y perceptual. Según ella, sus expresiones son bastante deficientes

163

desde el punto de vista sintáctico y desde el semántico, pero lo son también claramente en un sentido mucho más profundo.

¿Cómo deberíamos caracterizar, pues, su deficiencia? Necesitamos una descripción de otro tipo, que trascienda las categorías habituales de sintaxis, semántica, fonética. Nos la proporciona también Goldberg con sus reflexiones sobre el «lenguaje del hemisferio derecho aislado».[117] El lenguaje del hemisferio derecho permite relaciones de referencia *ad hoc* (señalar, denominar, esto-aquí-ahora), permite establecer una base de referencia de un código lingüístico, pero no puede ir más allá y permitir manipulaciones del código, ni derivaciones internas dentro del mismo. En términos más generales, la actuación del hemisferio derecho queda limitada a la organización de lo que se percibe y no puede pasar a la organización categorial, léxica, basada en definiciones; es sólo «experiencial» (según el término de Zaidel) y no puede abarcar lo «paradigmático».[118]

Esta proceso de referencia, con ausencia absoluta de manipulación de reglas, es precisamente lo que vemos en las personas sordas lingüísticamente deficientes. Su lenguaje, su organización léxica, es *como* la de los individuos con habla del hemisferio derecho. Esta condición suele acompañar a lesiones del hemisferio izquierdo que aparecen en una etapa tardía de la vida, pero podría también surgir como un percance del desarrollo, al no producirse el paso de la actividad léxica inicial del hemisferio derecho a la actividad lingüística madura sintácticamente desarrollada del hemisferio izquierdo.

117. Véase Goldberg y Costa, 1981; y también Zaidel, 1981.

118. Esta dicotomía recuerda la diferenciación que establece Bruner entre lo «narrativo» y lo «paradigmático», que él considera las dos formas de pensamiento naturales y elementales (véase Bruner, 1986). Resulta tentador considerar la forma narrativa función del hemisferio derecho y la paradigmática del izquierdo. Desde luego, en los retrasados la forma narrativa de pensamiento y de lenguaje puede estar notablemente desarrollada, manteniéndose muy deficiente la paradigmática (véase Sacks, 1985).

¿Hay alguna prueba de que suceda esto en concreto con individuos sordos lingüísticamente deficientes que no alcanzan la capacidad plena? Lenneberg se preguntaba si no habría un elevado número de sordos congénitos con lateralización cerebral poco asentada, a pesar de que por entonces (1967) no se había hecho aún una diferenciación precisa de los caracteres y capacidades léxicas diferenciales de los hemisferios en condiciones de aislamiento. Neville, que ha abordado el problema desde su punto de vista neurofisiológico, escribe: «Si la experiencia del lenguaje influye en el desarrollo cerebral, tiene que haber aspectos de la especialización cerebral diferentes en los sujetos sordos y en los oyentes cuando lean en inglés.» De hecho comprobó que en la mayoría de los sordos a los que investigó no aparecía el tipo de especialización del hemisferio izquierdo que se observaba en los oyentes. Y pensó que esto se debía a que no tenían una competencia gramatical plena en inglés. Luego constató que cuatro sujetos sordos congénitos que dominaban perfectamente la gramática inglesa mostraban una especialización «normal» del hemisferio izquierdo. Dedujo, en consecuencia, que «la competencia gramatical es condición necesaria y suficiente para la especialización del hemisferio izquierdo... si se alcanza pronto».

Las descripciones fenomenológicas de Rapin y Schlesinger y los datos neurofisiológicos y de conducta de Neville muestran claramente que la experiencia del lenguaje puede alterar de forma notoria el desarrollo cerebral, y que una deficiencia grave en ella, o aberrante en cualquier sentido, puede retrasar la maduración del cerebro e impedir un normal desarrollo del hemisferio izquierdo, limitando así al individuo a un tipo de lenguaje del hemisferio derecho.[119]

119. Éste parecía ser el caso del lenguaje de Genie, que era pobre sintácticamente pero relativamente rico en vocabulario (véase p. 96): «El lenguaje de Genie [escribe Curtiss] parece lenguaje del hemisferio derecho. Las pruebas de audición dicótica revelan que su lenguaje es lenguaje

No está claro lo que pueden perdurar estos retrasos; las observaciones de Schlesinger indican que si no se previenen pueden durar toda la vida. Pero se pueden mitigar y hasta invertir la dirección de la tendencia con una intervención adecuada más tarde, en la adolescencia.[120] Así, Braefield, una escuela primaria, presenta un panorama deprimente, pero unos años después esos mismos estudiantes (o muchos de ellos), adolescentes ya, pueden desenvolverse mejor, por ejemplo, en Lexington, una escuela de enseñanza secundaria. (Y, de un modo completamente distinto de la «intervención», puede haber un descubrimiento tardío del mundo de los sordos, y esto puede aportar una comunidad y una cultura y una intimidad lingüísticas, un «llegar a casa» al fin, que puede compensar en parte el aislamiento previo.)

Éstos son, pues, en términos muy generales, los riesgos neurológicos de la sordera congénita. Ni el lenguaje ni las formas superiores de desarrollo cerebral se producen «espontáneamente», dependen del contacto con el lenguaje, de la comunicación y el uso adecuado de éste. Si los niños sordos no tienen un temprano contacto con una comunicación o un lenguaje adecuados, puede producirse un retraso (y hasta un bloqueo) de la maduración cerebral, con predominio continuado de los procesos del hemisferio derecho y retraso en el «cambio» hemisférico. Pero si se puede introducir en la pubertad un lenguaje, un código lingüístico, no parece importar la forma del código (habla o seña); sólo importa que sea lo suficientemente bueno para que pueda haber manipulación interna, y pueda producirse el paso

del hemisferio derecho. Así, el caso de Genie puede indicar que después del "período crítico" quizás no asuma ya el control en el aprendizaje del lenguaje el hemisferio izquierdo y sea el derecho el que actúa y predomina en ese aprendizaje y en su representación» (Curtiss, 1977, p. 216).

120. Véase Schlesinger, 1987.

normal al predominio del hemisferio izquierdo. Y si el lenguaje primario es la seña, habrá, además, varios tipos de reforzamiento de la capacidad cognoscitivo-visual, todo ello acompañado de un paso del predominio hemisférico derecho al izquierdo.[121]

Se han hecho muy recientemente algunos estudios fascinantes sobre la actuación del cerebro en relación con el lenguaje de señas cuando el individuo entra en contacto con él: en particular, la tendencia del cerebro hacia formas tipo ames-

121. Se ha realizado recientemente un experimento pedagógico en Prince George's County, Maryland, en el que se ha introducido el lenguaje de señas en la enseñanza preescolar y de primer grado entre niños oyentes normales. A los niños les gusta y lo aprenden fácilmente, y cuando lo hacen muestran una mejora perceptible en la lectura y en otros campos. Es posible que esta facilitación de la lectura, de la capacidad de reconocer las formas de las palabras y las letras, se deba al reforzamiento de la capacidad analítico-espacial que produce el aprendizaje del lenguaje de señas.

Incluso cuando los adultos (oyentes) aprenden el lenguaje de señas, pueden también darse cuenta de que se producen cambios en ellos: tendencia a una descripción visual más gráfica, potenciación de la memoria y la fantasía visuales y, también, con frecuencia, una utilización expresiva más libre y directa del cuerpo. Sería interesante investigar si se produce hasta cierto grado en estos adultos un fortalecimiento de potenciales visuales evocados, tal como comprobó Neville en oyentes que tienen el lenguaje de señas como primera lengua.

Es interesante añadir que *no* hay una buena correlación entre capacidad para aprender lenguas habladas y capacidad para aprender lenguajes de señas. Algunos políglotas desisten al ver lo «duro» que es; y personas que no han sido capaces jamás de aprender otra lengua hablada, pueden quedarse sorprendidas al ver lo «fácil» que es el lenguaje de señas. Estas diferencias pueden deberse a diferencias en la capacidad visual de los individuos y tienen poco que ver con la capacidad mental de éstos, o la capacidad lingüística en general. La capacidad visual básica sólo puede acrecentarse en una cuantía limitada en la edad adulta, mientras que un adiestramiento temprano puede, al parecer, incrementar la capacidad visual en todos nosotros.

lán o (en términos más generales) tipo lenguaje de señas, *sea cual sea* la forma del lenguaje de señas con que entre en contacto. Así, James Paul Gee y Wendy Goodhart han demostrado convincentemente que cuando se pone a los niños sordos en contacto con formas de inglés por señas (inglés codificado manualmente), *pero no con el ameslán*, «tienden a innovar introduciendo formas tipo ameslán aunque tengan poco conocimiento de ese lenguaje e incluso ninguno».[122] Es un hecho asombroso que un niño que no conoce el ameslán elabore a pesar de ello formas similares a él.

Elissa Newport y Ted Supalla han demostrado que los niños estructuran un ameslán gramaticalmente perfecto aunque se les ponga en contacto (como suele suceder tan a menudo) con un ameslán muy poco perfecto..., claro ejemplo de una competencia gramatical innata del cerebro.[123] Los descubrimientos de Gee y de Goodhart van más allá, pues demuestran que el cerebro tiende inevitablemente hacia formas tipo lenguaje de señas, y que «convertirá» incluso formas no similares al lenguaje de señas *en* formas similares a él. «La seña está más próxima al lenguaje de la mente», dice Edward Klima, y es por ello más «natural» que cualquier otro lenguaje cuando el niño que se encuentra en el proceso de desarrollo ha de construir un lenguaje del modo manual.

Sam Supalla ha aportado una confirmación independiente de estos estudios.[124] Centrándose en concreto en el tipo de instrumentos que se utilizan para indicar relaciones gramaticales (en el ameslán estos elementos son todos espaciales, pero en el inglés por señas, como en el inglés hablado, completamente secuenciales), ha descubierto que niños sordos que entran en contacto sólo con el inglés por señas *reem-*

122. Gee y Goodhart, 1988.
123. La investigación de Newport y Supalla se analiza en Rymer, 1988.
124. Supalla, en prensa.

plazan los instrumentos gramaticales de éste por otros «similares que se dan en ameslán y en otros lenguajes de señas naturales». Supalla dice que estos instrumentos se «crean [o evolucionan] espontáneamente».

Hace años ya que se sabe que el inglés por señas es engorroso e impone una tensión a los que lo utilizan: «Las personas sordas –escribe Bellugi– nos han informado de que si bien pueden procesar cada elemento cuando aparece, les resulta difícil procesar el contenido del mensaje global cuando se expresa en el total de la información en un flujo de señas como elementos secuenciales.»[125] Estas dificultades, que no disminuyen con el uso, se deben a limitaciones neurológicas de base; concretamente a la memoria a corto plazo y al proceso cognoscitivo. Con el ameslán no se plantea ninguno de estos problemas, ya que sus instrumentos espaciales están perfectamente adaptados a la forma visual y puede expresarse en señas y entenderse bien a gran velocidad.

La sobrecarga de la memoria a corto plazo y de la capacidad cognoscitiva que produce el inglés por señas en los adultos sordos significa para éstos una dificultad y una tensión. Pero en los niños sordos, que aún tienen capacidad para *crear* estructuras gramaticales (según la hipótesis de Supalla), las dificultades cognoscitivas que plantea el intentar aprender el habla por señas les fuerza a crear estructuras lingüísticas propias, a crear o desarrollar una gramática espacial.

Supalla ha demostrado además que si los niños sordos entran en contacto sólo con inglés por señas pueden mostrar un «potencial mermado para el aprendizaje del lenguaje natural y para su manejo», una merma de su capacidad para crear y entender la gramática, a menos que consigan crear estructuras lingüísticas propias. Afortunadamente, siendo como son niños, y estando aún en una edad «chomskiana», *son* capaces de

125. Bellugi, 1980

crear estructuras lingüísticas propias, una gramática espacial propia. Recurren a esto para asegurarse una supervivencia lingüística.

Estos descubrimientos sobre la génesis espontánea de la seña o de estructuras lingüísticas tipo seña en los niños pueden aclararnos muchas cosas sobre el origen y la evolución de la seña en general. Porque parece que el sistema nervioso, dadas las limitaciones del lenguaje en un medio visual, y las limitaciones fisiológicas de la memoria a corto plazo y de la elaboración cognoscitiva, *tiene* que desarrollar el tipo de estructuras lingüísticas, el tipo de organización espacial, que vemos en la seña. Y aporta pruebas circunstanciales firmes en favor de esto el hecho de que las lenguas de señas naturales (y hay varios cientos en el mundo que se han desarrollado de forma diferenciada e independiente donde ha habido grupos de sordos)[126] tienen *todas*, en gran medida, la misma estructura espacial. Ninguna se asemeja lo más mínimo al inglés por señas o al habla por señas. Todas tienen, independientemente de sus diferencias específicas, alguna similitud genéri-

126. Habría que aclarar que ningún lenguaje de señas puede considerarse «primitivo» en comparación con cualquier otro lenguaje de señas (lo mismo que ningún lenguaje hablado existente es más «primitivo» que cualquier otro). Pero en los Estados Unidos se cree a menudo que el lenguaje de señas estadounidense, el ameslán (ASL), es con mucho el mejor del mundo (el mejor organizado, el más rico, el más expresivo, etc.), actitud que ha conducido a cierto «imperialismo» (y provocado que otros lenguajes de señas nativos de países pequeños cedan ante él y hasta que los sustituya). Pero esto es un concepto jerárquico. En realidad todos los lenguajes, sean de señas o hablados, no importa lo nuevos que sean, o lo limitado de su distribución geográfica, tienen las mismas potencialidades, el mismo ámbito de posibilidades: ninguno puede ser desechado como «primitivo» o «defectuoso». Así, el lenguaje de señas británico es plenamente equiparable al estadounidense; el lenguaje de señas irlandés es plenamente equiparable a ambos; y lo mismo el lenguaje de señas islandés (aunque sólo haya setenta sordos en Islandia).

ca con el ameslán. No hay ninguna lengua por señas universal pero parece ser que hay elementos universales en todas las lenguas de señas. Universales no de significado sino de forma gramatical.[127]

Hay buenas razones para suponer (aunque las pruebas sean más circunstanciales que directas) que la competencia lingüística general se halla determinada genéticamente y es

127. Los cientos de lenguajes de señas que han surgido espontáneamente por todo el mundo son tan diferentes y están tan marcadamente diferenciados como la gama de idiomas hablados. No existe un lenguaje de señas universal. Y sin embargo puede haber elementos universales *en* los lenguajes de señas, lo que ayuda a que sea posible que sus usuarios se entiendan entre ellos mucho antes de lo que podrían hacerlo los que utilizan lenguas habladas no relacionadas. Así, un japonés monolingüe estaría perdido en Arkansas, y un estadounidense monolingüe en el Japón rural. Pero un estadounidense sordo puede establecer contacto con relativa rapidez con sus hermanos que hablan por señas de Japón, Rusia o Perú. No se sentiría perdido en absoluto. Los que hablan por señas (y sobre todo aquellos para quienes el lenguaje de señas es su lengua natural) son muy hábiles para aprender, o al menos comprender, otros lenguajes de señas, en una medida que no se daría nunca entre hablantes (salvo, quizás, entre los más dotados). En cuestión de minutos se lograría cierto entendimiento, sobre todo a través del gesto y de la mímica (en los que quienes hablan por señas son extraordinariamente eficientes). Al final del día acabaría estableciéndose una lengua franca sin gramática, y a las tres semanas, quizás, el individuo habría adquirido un conocimiento muy razonable del otro lenguaje de señas, suficiente para permitir un análisis detallado de cuestiones bastante complejas. Hubo un ejemplo impresionante de esto en agosto de 1988, cuando el Teatro Nacional de los Sordos estadounidense visitó Tokio y realizó una actuación conjunta con el teatro de sordos japonés. «Enseguida los actores sordos de la compañía estadounidense y de la japonesa charlaban», explicaba David G. Sanger en *The New York Times* (29 de agosto de 1988), «y al final de la tarde en un ensayo reciente se veía con toda claridad que estaban ya todos en la misma longitud de onda.»

en realidad la misma en todos los seres humanos. Pero la forma particular de gramática (lo que Chomsky llama gramática «de superficie», sea la gramática del inglés, la del chino o la del lenguaje de señas) la determina la experiencia del individuo; no es aporte genético, es logro epigenético. Se «aprende», o quizás debiéramos decir, pues se trata de algo primitivo y preconsciente, *evoluciona* mediante la interacción de una competencia lingüística general (o abstracta) y las particularidades de la experiencia; una experiencia que en los sordos es característica, verdaderamente excepcional, ya que adopta forma visual.

Lo que Gee, Goodhart y Samuel Supalla nos muestran *es* una evolución, una modificación sorprendente (y radical) de formas gramaticales, por influencia de esta necesidad visual. Describen un cambio, la forma gramatical cambian visiblemente ante los ojos, espacializándose, cuando el inglés por señas se «convierte» en un idioma tipo ameslán. Nos describen una evolución de formas gramaticales, pero una evolución que se produce en el transcurso de unos cuantos meses.

El lenguaje se modifica activamente, el propio cerebro se modifica activamente, cuando desarrolla esa capacidad completamente nueva de «lingüistizar» el espacio (o espacializar el lenguaje). Y el cerebro desarrolla simultáneamente todos los demás fortalecimientos cognoscitivo-visuales, pero no lingüísticos, que han descrito Bellugi y Neville. Tiene que haber cambios fisiológicos y anatómicos (ojalá pudiésemos verlos) y reorganizaciones de la microestructura del cerebro. Neville cree que el cerebro tiene, en principio, una gran sobreabundancia de neuronas y que es muy maleable y que la experiencia lo «poda» luego, fortaleciendo en unos casos sinapsis, conexiones entre células nerviosas, inhibiendo o eliminando en otros, según las presiones contrapuestas de las distintas corrientes de mensajes sensoriales. Es evidente que la dotación genética no puede explicar por sí sola toda la complejidad co-

172

nectiva del sistema nervioso; sean cuales sean las constantes predeterminadas, la diversidad adicional aflora durante el desarrollo. Este desarrollo posnatal, o epigénesis, es el tema básico de la obra de Jean-Pierre Changeux.[128]

Pero Gerald Edelman ha planteado recientemente una propuesta más radical, ha propuesto en realidad una forma de pensar completamente nueva.[129] Para él, la unidad de selección es la neurona individual; la unidad de selección de Edelman es el grupo neuronal, y la *evolución* (como fenómeno distinto del mero crecimiento o desarrollo) puede decirse que se produce sólo a este nivel, con selección de diferentes grupos o poblaciones neuronales bajo presiones competitivas. Esto permite a Edelman obtener un modelo que es de naturaleza esencialmente biológica, darwiniana en realidad, frente al de Changeux, que es esencialmente mecánico.[130] Darwin cree que la selección natural se produce en las poblaciones como reacción a las presiones ambientales. Edelman

128. Changeux, 1985.
129. Edelman, 1987.
130. Esto afirma Francis Crick en un artículo reciente sobre redes neurales (Crick, 1989). Crick describe un modelo computacional, *NET-talk,* que si se le da un texto inglés que no ha visto nunca balbucea al principio, estableciendo sólo conclusiones al azar, pero aprende pronto a pronunciar palabras, con un grado de precisión del noventa por ciento. Así, comenta Crick, «ha aprendido tácitamente las normas de la pronunciación inglesa, que no son nada sencillas ni directas, a base de ejemplos nada más, y no por las reglas explícitamente incorporadas en un programa». Algo que podría parecer una tarea «chomskyana», aunque trivial comparada con el aprendizaje de una gramática, se logra aquí con una simple red de neuronas artificiales, con conexiones al azar. Ha habido mucho revuelo últimamente en torno a estas redes neurales, pero los mecanismos concretos que desarrolla el cerebro son, en opinión de Crick, absolutamente desconocidos para la ciencia en este momento, y es probable que sean de una naturaleza y un orden completamente distintos (y más «biológicos»).

considera que esto continúa *en el organismo* (habla, en este caso, de «selección somática») y que determina el desarrollo individual del sistema nervioso. El hecho de que participen *poblaciones* (de células nerviosas) aporta potenciales de cambio mucho más complejos.

La teoría de Edelman incluye un cuadro detallado de cómo pueden formarse «mapas» neuronales que permiten a un animal adaptarse (sin instrucción) a cambios perceptuales completamente nuevos, crear o construir categorizaciones y formas perceptuales nuevas, orientaciones nuevas, enfoques nuevos del mundo. Esto es precisamente lo que sucede en el caso del niño sordo: se ve encerrado en una situación perceptiva (y cognoscitiva y lingüística) en la que no hay precedente genético ni instrucción que le ayuden; y sin embargo, si se le da media oportunidad, elaborará formas radicalmente nuevas de organización neural, trazará mapas neurales que le permitirán dominar el mundo-lenguaje y articularlo de forma completamente original. Es difícil encontrar un ejemplo más espectacular de selección somática, de darwinismo neural, en acción.[131]

Addendum (1990): Se ha ideado una red de este tipo muy recientemente (por B. P. Yuhas) para leer los labios, calculando vocales basadas en la forma de la boca y en las posiciones de los labios, los dientes y la lengua. Esta red neural, unida a los sistemas de identificación del habla convencionales, puede generar un día un sistema que sea lo suficientemente rápido y lo suficientemente flexible para el uso práctico *(Science* 247:1414, 23 de marzo de 1990).

131. Puede verse claramente que he ido moviéndome un poco entre un punto de vista «nativista» (chomskiano) y otro «evolucionista» (edelmaniano). He de confesar que un idealismo platónico o cartesiano o chomskiano me inclina a la idea de que nuestras capacidades lingüísticas, nuestra capacidad de aprendizaje intelectual, toda nuestra capacidad perceptual, son innatas... y a la idea de designio, en los términos más generales; pero mis observaciones sobre al aprendizaje del lenguaje, y sobre

Ser sordo, nacer sordo, emplaza a un individuo en una situación extraordinaria; le expone a una gama de posibilidades lingüísticas, y en consecuencia intelectuales y culturales, que las demás personas, como hablantes naturales en un mundo de habla, apenas podemos imaginar siquiera. No nos vemos ni privados ni retados lingüísticamente como los sordos: nunca corremos el peligro de quedarnos sin lenguaje, ni de una incompetencia lingüística grave; pero tampoco descubrimos, ni creamos, un lenguaje asombrosamente nuevo.

El incalificable experimento del faraón Psamético (que hizo criar a dos niños por unos pastores que no les hablaban nunca, para ver qué lenguaje hablarían de modo natural, si es que hablaban alguno) se repite potencialmente con todos los niños que nacen sordos.[132] Un pequeño número de ellos, quizás el 10 por ciento, nacen de padres sordos, entran en

---

todo el desarrollo del individuo y de la especie, me cuentan una historia bastante menos clara, me cuentan que en la naturaleza (o en la naturaleza animada) nunca hay designio previo y que todo se desarrolla, o surge, bajo las presiones de la contingencia y la selección. Así pues, mi trayectoria general, tal como he ido escribiendo, va de un punto de vista nativista a otro evolucionista. Pero el estudio del lenguaje de señas y de su aprendizaje en la infancia parecen apoyar con firmeza, fascinantemente, *ambos* puntos de vista, que tal vez no sean incompatibles.

132. El experimento del faraón Psamético, que reinó en Egipto en el siglo VII aC, lo describe Herodoto. Repitieron el experimento otros monarcas, entre los que se incluyen Carlos IV de Francia, Jaime IV de Escocia y el tristemente célebre Akbar Khan. Irónicamente, en el caso de Akbar Khan se entregaron los niños no a pastores a los que se prohibiese hablar sino a ayas sordas que no hablaban (pero que, aunque Akbar no lo supiera, hablaban por señas). Cuando llevaron a estos niños a la corte de Akbar, al cumplir doce años, ninguno hablaba, ciertamente, pero todos ellos dominaban el lenguaje de señas. No había, estaba claro, ningún lenguaje innato o «adámico», y si no se utilizaba ningún lenguaje, no se aprendía ninguno; pero si se utilizaba un lenguaje *cualquiera*, incluso uno de señas, se convertía en el lenguaje de los niños.

contacto con la seña desde el principio, y serán hablantes naturales por señas. El resto ha de vivir en un mundo auditivo-oral que no está bien equipado ni biológica ni lingüística ni emotivamente para tratar con ellos. La desgracia no es la sordera en sí; la desgracia llega con el fracaso de la comunicación y del lenguaje. Si no se establece comunicación, si el niño no tiene contacto con un diálogo y un lenguaje adecuados, se presentan todos los problemas que describe Schlesinger, problemas que son a la vez lingüísticos, intelectuales, emotivos y culturales. Estos problemas acechan, en mayor o menor grado, a la mayoría de los que nacen sordos: «La mayoría de los niños sordos», como dice Schein, «se crían como extraños en sus propios hogares.»[133]

133. Shanny Mow, en una breve autobiografía que cita Leo Jacobs, describe esta marginación tan característica del niño sordo en su propio hogar: «Te dejan fuera de la conversación de la mesa durante la comida. A esto se le llama aislamiento mental. Mientras todos los demás hablan y se ríen, tú estás tan lejos como un árabe solitario en un desierto que abarca todos los horizontes [...] Tienes sed de contacto. Te ahogas por dentro pero no puedes explicarle a nadie este sentimiento horrible. No sabes cómo hacerlo. Tienes la impresión de que nadie entiende ni se preocupa [...] Ni siquiera te permiten hacerte la ilusión de que participas [...]

Esperan que aguantes quince años la camisa de fuerza de la lectura de los labios y el control del habla [...] tus padres jamás se molestan en dedicar una hora al día a aprender lenguaje de señas, al menos un poquito. Una hora de veinticuatro que a ti puede cambiarte un período de la vida» (Jacobs, 1974, pp. 173-174).

Los *únicos* niños sordos que no se hallan expuestos a padecer marginaciones tan crueles hasta en sus propios hogares son los hijos de padres sordos (y que hablen por señas); estos niños son (en palabras de un amigo sordo con padres oyentes) «otra especie». Los hijos sordos de padres sordos pueden gozar desde el principio de una comunicación y una relación plenas con sus padres; aprenden el lenguaje con fluidez tan fácil y automáticamente como los niños oyentes y en el mismo período crucial (en el tercer año de vida): su lenguaje de señas tiene una precisión y una

176

Pero no tiene por qué pasar nada de esto. Aunque los peligros que acechan a un niño sordo sean muy grandes, son por suerte perfectamente prevenibles. Para ser padres de un niño sordo, de mellizos, de un niño ciego o de uno prodigio hacen falta un ingenio y una flexibilidad especiales.[134] Muchos padres de sordos se sienten impotentes frente a esa barrera de comunicación que tienen con sus hijos y dice mucho en favor de la adaptabilidad, tanto de los padres como de los

---

riqueza que sólo alcanzan quienes lo tienen como primera lengua. Además es más probable que conozcan, muy pronto, a otros niños y adultos sordos, que accedan plenamente a una comunidad comprensiva. Crecen, así, con una firme sensación de confianza y de identidad cultural y personal: sus vidas han sido organizadas desde el principio en torno a «un centro diferente» (Padden y Humphries, 1988). Muchos de los miembros de la «élite» del mundo sordo son hijos de padres sordos, y a veces, proceden de grandes familias sordas multigeneracionales (así era en el caso de los cuatro dirigentes estudiantiles de la revuelta de Gallaudet).

Los hijos oyentes de padres sordos ocupan una posición diferente y única, pues crecen con el lenguaje de señas y el habla como primeras lenguas y pueden sentirse igual de cómodos en el mundo de los sordos y en el de los oyentes. Suelen convertirse en intérpretes, y poseen unas condiciones ideales para ello, porque pueden transmitir no sólo el lenguaje sino la cultura de un mundo al otro (véase Schein, 1984).

134. Los padres oyentes de niños sordos se enfrentan a problemas especialmente delicados y angustiosos de pertenencia y de identidad. Una madre que se hallaba en esa condición, hablándome de su hijo que se había quedado sordo a los cinco meses de edad por una meningitis, me escribía: «¿Significa esto que de la noche a la mañana se ha convertido en un extraño para nosotros, que de algún modo ya no *pertenece* a nosotros sino al mundo sordo? ¿Significa que forma parte ya de la comunidad sorda, que nosotros no tenemos ningún derecho a él?» Este temor a que su hijo sordo pase a convertirse para ellos en un extraño, a que se apodere de él la comunidad sorda, lo expresa un buen número de padres de niños sordos; y es un temor que puede empujarles a atar a los niños a ellos y a negarles el acceso, cuando son pequeños, al lenguaje de señas y a otros sordos. «Mientras su cuidado y su alimentación estén en *nuestras* manos –continúa mi corresponsal– considero que necesita acceso a *nues-*

177

hijos, que esa barrera, generalmente terrible, se supere. Por último, aún con demasiado poca frecuencia, hay sordos que se desenvuelven bien, al menos en el sentido de que pueden desarrollar sus capacidades innatas. Es decisivo para esto que se aprenda el lenguaje a una edad temprana «normal»; este primer lenguaje puede ser la seña o el habla (como vemos en los casos de Charlotte y de Alice), porque lo que activa la competencia lingüística y, con ella, la competencia intelectual, es el *lenguaje*, más que un lenguaje concreto. Lo mismo que los padres de los niños sordos tienen que ser, en cierto modo, «superpadres», los propios niños sordos tienen que ser, aún más notoriamente, «superniños». Así, Charlotte, que tiene seis años, lee ya con facilidad, con una pasión por la lectura sincera y no forzada. Es, con seis años, una niña bilingüe y bicultural, mientras que la mayoría de nosotros nos pasamos toda la vida en un lenguaje y una cultura. Las diferencias

---

tro lenguaje, de la misma manera que tiene acceso a *nuestra* comida, a *nuestras* manías, a *nuestra* historia familiar.»

Hay aquí dos problemas relacionados. Uno es el de que los padres sean capaces de «desprenderse» de los hijos: todos los padres deben hacer esto, pero en el caso de los niños sordos puede ser necesario hacerlo, en algunos sentidos, a una edad muy temprana para que puedan iniciar su propio desarrollo, tan especial. El otro problema es el de la comunidad sorda. Un niño sordo no necesita que le «protejan» de la comunidad sorda; la comunidad sorda no está acechando para robárselo a sus padres. Es, por el contrario, el recurso más importante con que cuenta el niño sordo, un recurso que puede ser (con la cooperación de los padres) una fuerza liberadora que permita a los niños aprender el lenguaje y desarrollarse a su manera. Los padres necesitan una gran generosidad para comprender esto, para apreciar a su niño sordo tal cual es, para no tenerlo preso de sus propios deseos y necesidades y para dejarle desarrollarse como un ser libre e independiente (aunque distinto). El niño sordo necesita una identidad *doble*. Permitiendo esto se permite que haya amor y respeto mutuos, pero si se prohíbe es casi seguro que se producirá el alejamiento del que hablan Schein y Mow.

pueden ser positivas y creadoras, pueden enriquecer la cultura y la naturaleza humana. Y éste es, sin duda, el otro aspecto de la sordera: los poderes especiales de la visualidad y el lenguaje de señas. La gramática del lenguaje de señas se aprende casi del mismo modo, y casi a la misma edad, que la del habla, por lo que la estructura profunda de ambas puede considerarse idéntica. La capacidad proposicional es idéntica en ambas. Sus propiedades formales son idénticas, aunque entrañen, como dicen Petitto y Bellugi, tipos diferentes de señales, tipos diferentes de información, diferentes sistemas sensoriales, estructuras mnemotécnicas diferentes y quizás estructuras neurales diferentes.[135] Las propiedades formales de la seña y el habla son idénticas, y es también idéntico su contenido comunicativo. Sin embargo, ¿son, o pueden ser, en algún sentido, profundamente distintas?

Chomsky nos recuerda que Humboldt «introdujo una distinción más entre la forma de un lenguaje y lo que él llama su «carácter»... [el cual] viene determinado por la forma en que el lenguaje se *utiliza*, por lo que debe diferenciarse así de su estructura sintáctica y semántica, que corresponde a la forma, no al uso». Existe realmente cierto peligro (lo señalaba Humboldt) de que al examinar cada vez más detenidamente la forma de un lenguaje lleguemos a olvidarnos de que tiene un significado, un carácter, un uso. El lenguaje no es sólo un instrumento formal (aunque sea sin duda el instrumento formal más admirable que existe), sino la expresión más exacta de nuestros pensamientos, nuestras aspiraciones, nuestra visión del mundo. El «carácter» de un lenguaje, en el sentido a que alude Humboldt, es por naturaleza esencialmente creador y cultural, tiene un carácter genérico, es su «espíritu», no sólo su «estilo». El inglés tiene, en este sentido, un carácter distinto del alemán, y el lenguaje de Shakespeare

135. Petitto y Bellugi, 1988.

un carácter distinto del de Goethe. La identidad cultural o personal es diferente. Pero la seña difiere del habla más que ningún idioma hablado de otro. ¿Podríamos hablar de una identidad «orgánica» radicalmente distinta?

Basta observar a dos personas hablando por señas para darse cuenta de que la seña tiene una cualidad festiva, un estilo completamente diferente del que tiene el habla. Los que hablan por señas tienden a improvisar, a jugar con las señas, a incorporar todo su humor, su imaginación, su personalidad, de manera que hablar por señas no es simplemente manipular símbolos de acuerdo con normas gramaticales sino que es, irremisiblemente, la voz del que hace señas; una voz a la que se asigna una fuerza especial porque se expresa, de modo muy inmediato, con el cuerpo. Podemos tener o imaginar un habla desencarnada, pero no podemos tener seña desencarnada. El que habla por señas expresa continuamente cuando lo está haciendo, su cuerpo y su alma, su identidad humana única.

Quizás la seña tenga un origen distinto del habla, dado que surge del gesto, de la representación emotivo-motriz espontánea.[136] Y aunque la seña está plenamente formalizada y gramaticalizada, es sumamente icónica, conserva muchos rasgos de sus orígenes representativos. Los sordos, escriben Klima y Bellugi,[137] [...] tienen una profunda conciencia de los

136. Por supuesto, sólo podemos especular sobre los orígenes del lenguaje (habla o seña), o elaborar hipótesis o deducciones que no pueden demostrarse o rebatirse con pruebas directas. Las especulaciones sobre este tema llegaron a adquirir tales proporciones en el siglo pasado que la Société de Linguistique de París decidió prohibir en 1866 que se presentaran más trabajos sobre el tema, pero hoy disponemos de más datos de los que tenían en el siglo pasado (véase Stokoe, 1974, y Hewes, 1974).

Contamos con observaciones directas muy interesantes de comunicación gestual entre madres (oyentes) y niños pequeños antes del habla (véase Tronick, Brazelton y Als, 1978) y, si la ontogenia reproduce la filogenia, esto aporta un indicio más de que el primer lenguaje humano fue gestual o motor.

137. Klima y Bellugi, 1979, Introducción y Capítulo 1.

matices y sugerencias de iconicidad de su vocabulario [...]
cuando se comunican entre ellos, o cuando cuentan algo, suelen ampliar, acrecentar o exagerar las propiedades miméticas.
La manipulación de los aspectos icónicos de las señas se produce también en usos especiales intensificados del lenguaje (la
poesía por señas y las señas artísticas) [...] Así, el ameslán sigue
siendo un lenguaje bifacetado: estructurado formalmente y
sin embargo miméticamente libre en aspectos significativos.

Si bien la estructura profunda de la seña, sus propiedades
formales, permiten expresar las proposiciones y conceptos
más abstractos, sus aspectos icónicos o miméticos hacen que
sea extraordinariamente concreta y evocadora de un modo
que quizás no pueda serlo ningún habla. El habla (y la lengua
escrita) se han distanciado de lo icónico; la poesía oral nos resulta evocadora por asociación, no por representación; puede
conjurar talantes e imágenes, pero no puede retratarlos (salvo
a través de onomatopeyas o ideofonías «accidentales»). La
seña conserva una capacidad directa de retrato que no tiene
analogía alguna en el lenguaje hablado, que no puede traducirse a él; por otra parte, utiliza menos la metáfora.

La seña aún conserva, y destaca, sus dos caras (la icónica y la
abstracta por igual, de forma complementaria) y, si bien es capaz de elevarse hasta las proposiciones más abstractas, hasta la
reflexión más generalizada sobre la realidad, también puede evo-
car simultáneamente una materialidad concreta, una vivacidad,
una realidad, una corporeidad, que los lenguajes hablados han
dejado atrás hace ya mucho, si es que las tuvieron alguna vez.[138]

138. Lévy-Bruhl, al describir la mentalidad de los «primitivos» (el
término significa para él anterior o más primordial, nunca inferior o infantil), habla de «representaciones colectivas» como elementos básicos de
su lenguaje, enfoque y percepción. Estas representaciones son completamente distintas de los conceptos abstractos, son «estados más complejos,

El «carácter» de un lenguaje es para Humboldt esencialmente cultural; el lenguaje expresa (y quizás determina en parte) cómo piensa y siente todo un pueblo y a lo que aspira. En el caso de la seña, lo distintivo del lenguaje, su «carácter», es también biológico, pues está enraizado en el gesto, en lo icónico, en una visualidad radical, que lo diferencia de cualquier lengua hablada. El lenguaje surge (biológicamente) de abajo, de la necesidad irreprimible que tiene el ser humano

---

en los que elementos emotivos o motores son *partes integrantes* de la representación». Habla asimismo de «conceptos-imagen», que no están descompuestos y que no se pueden descomponer. Estos conceptos-imagen son profundamente espacio-visuales y tienden a describir «la forma y el contorno, la posición, el movimiento, el comportamiento de objetos en el espacio, en una palabra, todo lo que se puede percibir y delinear». Lévy-Bruhl habla de la amplia difusión de lenguajes de señas entre los oyentes, lenguajes de señas que son paralelos a los hablados y de estructura básicamente idéntica: «Los dos lenguajes, cuyos signos difieren tan ampliamente como los gestos y los sonidos articulados, están emparentados por su estructura y su modo de interpretar objetos, acciones, condiciones... Ambos tienen a su disposición un gran número de asociaciones óptico-motoras plenamente formadas... que la mente conjura en el momento en que se describen.» Lévy-Bruhl habla aquí de «conceptos manuales», es decir «movimientos de las manos en los que pensamiento y lenguaje se hallan unidos de un modo inseparable» (Lévy-Bruhl, 1910, reimpreso 1966).

Por la misma razón, cuando hay, como dice Lévy-Bruhl, una «transición a tipos mentales superiores» este lenguaje concreto tiene que ceder, y sus «conceptos-imagen» sensorialmente particulares, vívidos, precisos, son sustituidos por conceptos lógico-abstractos generales sin imagen (y, en cierto modo, sin sabor). (También Massieu tuvo que abandonar sus metáforas inevitablemente, según cuenta Sicard, y recurrir a adjetivos más abstractos y generalizados.)

A Vygotsky y a Luria les influyó muchísimo en su juventud Lévy-Bruhl y aportaron ejemplos similares de esa transición (aunque estudiados con más rigor), que proceden de cuando culturas agrícolas «primitivas» se «socializaron» y «sovietizaron» en su país en la década de 1920:

de pensar y comunicarse. Pero se genera también y se transmite (culturalmente) desde arriba, es una encarnación viva e
indispensable de la historia, las visiones del mundo, las imágenes y las pasiones de un pueblo. La seña es para los sordos
una adaptación única a otra forma sensorial; pero es también

«Esta forma [concreta] de pensamiento [...] sufre una transformación
radical al cambiar las condiciones de vida de los individuos [...] Las palabras se convierten en los principales agentes de abstracción y generalización. Entonces los individuos prescinden del pensamiento básico y codi-
fican ideas predominantemente por medio de esquemas conceptuales
[...] con el paso del tiempo superan su tendencia a pensar en términos visuales» (Luria, 1976).

No podemos evitar cierta desazón al leer consideraciones como las
de Lévy-Bruhl y el joven Luria, consideraciones que describen lo concreto como «primitivo», como algo que hay que abandonar para elevarse a
lo abstracto (en realidad esta tendencia ha sido muy general en neurología y en psicología en el siglo pasado). No habría que considerar incompatibles lo concreto y lo abstracto, ni habría por qué considerar imprescindible abandonar uno para acceder al otro. Por el contrario, lo que da
fuerza a lo abstracto es precisamente la riqueza de lo concreto. Esto se ve
más claramente si procuramos definirlo en términos de «subordinado» y
«supraordinado».

Este sentido preciso de la abstracción (para diferenciarlo del convencional) es básico en la concepción del lenguaje y de la mente que tiene
Vygotsky, quien considera el progreso de ambos como la capacidad de
imponer estructuras supraordinadas que absorban cada vez más de lo
subordinado, de lo concreto, en virtud de su carácter inclusivo, de su
perspectiva más amplia: «Los nuevos conceptos superiores transforman
[a su vez] el significado de los inferiores [...] El niño no tiene que rees-
tructurar todos sus conceptos anteriores [...] en cuanto se ha incorporado
a su pensamiento una estructura nueva se expande gradualmente hacia
los conceptos más viejos, al integrarlos en las operaciones intelectuales de
tipo superior.»

Einstein utiliza una imagen similar respecto a la teorización: «Crear
una teoría nueva no es como destruir un pajar viejo y construir en su lugar un rascacielos, es más bien como escalar una montaña y alcanzar
perspectivas nuevas y más amplias.»

y al mismo tiempo la encarnación de su identidad personal y cultural. Pues, como dice Herder, en el lenguaje de un pueblo «reside todo su dominio mental, su tradición, su historia, su religión y la base misma de su vida, toda su alma y todo su corazón». Esto es particularmente cierto en el caso de la seña, que no es sólo biológica sino cultural e insilenciablemente la voz de los sordos.

Al abstraer o generalizar o teorizar, entendido de este modo, no se pierde nunca lo concreto. Todo lo contrario; al verlo desde un punto de vista cada vez más amplio comprobamos que posee conexiones cada vez más ricas e inesperadas; se mantiene integrado, tiene sentido, mucho más del que tenía antes. Al ganar en generalidad, ganamos en sentido de lo concreto; de ahí la visión del Luria más viejo de que la ciencia es «la ascensión a lo concreto».

La belleza del lenguaje, y en particular de la seña, es, en este sentido, como la belleza de la teoría: lo concreto lleva a lo general, pero es a través de lo general como recuperamos lo concreto, intensificado, transfigurado. Esta reconquista y renovación de lo concreto a través del poder de abstracción es clarísimamente visible en un lenguaje parcialmente icónico como la seña.

CAPÍTULO TERCERO

Viernes 9 de marzo de 1988, mañana: «Huelga en Gallaudet», «los sordos hacen huelga por los sordos», «estudiantes piden rector sordo». Los medios de comunicación están llenos hoy de estas noticias; los acontecimientos se iniciaron hace tres días, la tensión ha ido creciendo de un modo constante y las noticias están ya en la primera página de *The New York Times*. Parece una historia asombrosa. Yo estuve un par de veces el año pasado en la Universidad Gallaudet y llegué a conocer bastante aquello. Ésta es la única universidad de humanidades para sordos del mundo y es, además, el núcleo de la comunidad sorda del mundo: pero no ha tenido ni un solo rector sordo en sus ciento veinticuatro años de existencia.

Abrí el periódico y leí todo el reportaje: los estudiantes llevan haciendo campaña activamente en favor de un rector sordo desde que dimitió el año pasado Jerry Lee, un individuo oyente que había sido rector desde 1984. La inquietud, la inseguridad y la esperanza han ido incubándose. A mediados de febrero el comité de elección del rector redujo la propuesta a seis candidatos: tres oyentes y tres sordos. El 1 de marzo tres mil personas asistieron a una manifestación en Gallaudet para demostrar claramente a la junta directiva que la comunidad de Gallaudet insistía con toda firmeza en la

185

elección de un rector sordo. El 5 de marzo, la noche antes de las elecciones, se celebró una vigilia con velas frente al edificio de la junta. El domingo 6 de marzo, el consejo, que elegía entre tres finalistas, uno oyente y dos sordos, eligió a Elisabeth Anne Zinser, subdirectora de asuntos académicos de la Universidad de Carolina del Norte, Greensboro. Era la candidata oyente.

El tono, y también el contenido, del comunicado del consejo provocó indignación: la presidenta del consejo, Jane Bassett Spilman, comentaba que «los sordos no están aún preparados para desenvolverse en el mundo oyente». Al día siguiente, un millar de estudiantes se manifestaron ante el hotel donde estaba reunido el consejo, luego continuaron seis manzanas más allá hasta la Casa Blanca y luego siguieron hasta el Capitolio. Al día siguiente, 8 de marzo, los estudiantes cerraron la universidad y levantaron barricadas en el campus.

Miércoles, por la tarde: El cuerpo docente y el personal han manifestado su apoyo a los estudiantes y a sus cuatro peticiones: 1) Que se nombre inmediatamente un nuevo rector *sordo;* 2) que dimita inmediatamente la presidenta del consejo, Jane Bassett Spilman; 3) que haya en el consejo una mayoría del cincuenta y uno por ciento de miembros sordos (actualmente hay diecisiete miembros oyentes y sólo cuatro sordos); y 4) que no se tomen represalias. Telefoneo a mi amigo Bob Johnson. Bob dirige el departamento de lingüística de Gallaudet, donde lleva siete años dando clases e investigando. Conoce muy bien a los sordos y su cultura, habla maravillosamente por señas y su esposa es sorda. Está todo lo próximo a la comunidad sorda que puede estar un hablante.[139] Quiero

---

139. Se puede estar muy próximo a la comunidad sorda (si no se pertenece realmente a ella) sin ser sordo. El requisito previo más importante, aparte de un conocimiento y una comprensión de los sordos, es

saber qué piensa de los acontecimientos de Gallaudet. «Es lo más asombroso que he visto en mi vida –dice–. Si me hubieses preguntado hace un mes habría apostado un millón de dólares a que esto no podía pasar. Tienes que venir y verlo personalmente.»

Cuando visité Gallaudet en 1986 y 1987 me pareció una experiencia asombrosa y conmovedora. Nunca había visto una comunidad completa de sordos ni había comprendido del todo (aunque lo supiese teóricamente) que la seña podía ser un lenguaje completo, un lenguaje igualmente apropiado para hacer el amor y hacer discursos, para flirtear y para enseñar matemáticas. Tuve que ver clases de filosofía y de química en lenguaje de señas; tuve que ver funcionar un departamento de matemáticas absolutamente silencioso; tuve que ver bardos sordos, poesía por señas, en el campus, y la amplitud y profundidad del teatro de Gallaudet; tuve que ver el maravilloso escenario social del bar de los estudiantes, con manos volando en todas direcciones, cien conversaciones independientes en marcha.[140] Tuve que ver todo esto

---

dominar con fluidez el lenguaje de señas: puede que los únicos oyentes a los que siempre se ha considerado miembros plenos de la comunidad sorda sean los hijos oyentes de padres sordos que aprenden el lenguaje de señas como su idioma natural. Éste es el caso del doctor Henry Klopping, el director, tan estimado, de la Escuela California para Sordos de Fremont. Uno de sus antiguos alumnos, hablando conmigo en Gallaudet, me dijo por señas: «Es sordo, aunque esté oyendo.»

140. En la comunicación entre los que hablan por señas surgen convenciones sociales distintas, dictadas en primer lugar por la diferencia entre la vista y el oído. La visión es más específica que la audición: podemos mover los ojos, podemos centrarlos, podemos cerrarlos (literal o metafóricamente), mientras que no podemos mover, centrar ni cerrar los oídos. Y las señas se lanzan, como si dijéramos, igual que un rayo láser

personalmente para poder pasar de mi punto de vista «médico» previo de la sordera (como una «condición», una deficiencia, que había que tratar) a un punto de vista «cultural» de los sordos como una comunidad con una cultura y un lenguaje completos y propios. Percibí que había algo muy gozoso, arcádico incluso, en Gallaudet... y no me sorprendí al enterarme de que algunos estudiantes se mostraban reacios a veces a abandonar su calidez y su aislamiento y su protección, la comodidad de un mundo pequeño pero completo y

---

con un haz pequeño que va y viene entre los que se comunican y no se difunde en todas direcciones, acústicamente, como el habla. Podemos tener así a una docena de personas distintas sentadas a una mesa hablando por señas y sosteniendo seis conversaciones distintas, claras y diferenciadas cada una de ellas, sin que ninguna tenga por qué perturbar las demás. No hay «ruido», ningún ruido visual, en una habitación llena de personas que hablan por señas, debido a la direccionalidad de las voces visuales y de la atención visual. Y por la misma razón (esto resultaba muy evidente en el inmenso bar de estudiantes de Gallaudet, y lo he visto en grandes banquetes y asambleas de sordos) uno puede hablar por señas fácilmente con alguien que esté en el otro extremo de un recinto grande y atestado; mientras que gritar sería horrible y ofensivo.

Hay varias normas más de etiqueta sorda (algunas bastante extrañas para los oyentes). Uno ha de tener muy en cuenta la dirección de las miradas y el contacto visual y procurar no interponerse inadvertidamente entre personas e interrumpir este contacto. Tiene uno libertad para dar una palmadita en el hombro y para señalar, a diferencia de lo que sucede en círculos oyentes. Y si uno se halla en un posición desde la que domina un recinto lleno de gente que habla por señas, con trescientas conversaciones por señas claramente a la vista, ha de procurar no fijarse más que en lo que la corrección le permite mirar.

En el NTID de Rochester, que se construyó en 1968 para estudiantes sordos, se puede ver un corolario arquitectónico de esto. Uno se da cuenta, en cuanto entra, de que se trata de un edificio para seres visuales: está proyectado de modo que las señas pueden verse a grandes distancias y a veces entre pisos. Uno no gritaría de un piso a otro, pero es perfectamente natural hacer señas.

autónomo, por el gran mundo exterior hostil e incomprensivo.[141]

Pero había también, bajo la superficie, tensiones y resentimientos que parecían estar bullendo sin ninguna posibilidad de solución. Había una tensión oculta entre el cuerpo docente y la administración; un cuerpo docente en el que muchos de los profesores hablan por señas y algunos son sor-

141. El mundo sordo, como todas las subculturas, se constituye en parte por exclusión (del mundo oyente) y en parte por la formación de una comunidad y un mundo en torno a un centro distinto, su propio centro. Los sordos, en la medida en que se sienten excluidos, pueden sentirse aislados, marginados, discriminados. En la medida en que forman un mundo sordo, voluntariamente, por propia iniciativa, se sienten a gusto en él, disfrutan de él, lo consideran un refugio y una defensa. En este aspecto el mundo sordo se siente autosuficiente, no se siente aislado; no tiene ningún deseo de asimilar ni de que lo asimilen, sino que se complace, más bien, en su propio lenguaje y sus propias imágenes, y desea protegerlos.

Un aspecto de esto es la llamada disglosia del sordo. Por ejemplo, un grupo de sordos, en Gallaudet o en otro lugar, conversa en lenguaje de señas; pero si se aproxima un oyente pasan inmediatamente al inglés por señas (o lo que sea) durante un rato, volviendo al lenguaje de señas en cuanto el oyente se ha ido. El ameslán suele considerarse una posesión íntima y sumamente personal que debe protegerse de ojos intrusos o extraños. Barbara Kannapell ha llegado a sugerir que si todos aprendiésemos el lenguaje de señas esto destruiría el mundo sordo: «El ameslán tiene una función unificadora, ya que los sordos están unidos por su idioma común. Pero, al mismo tiempo, el uso del ameslán separa a los sordos del mundo oyente. Por tanto, las dos funciones son perspectivas distintas de la misma realidad: una desde el centro del grupo unificado y otra desde fuera del grupo. El grupo está separado del mundo oyente. Esta función separatista es una protección para los sordos. Por ejemplo, podemos hablar de cualquier cosa que queramos en medio de una multitud de oyentes. No podrán entendernos, en principio.»

Hay que tener en cuenta algo muy importante: que el ameslán es lo único que tenemos que pertenece por entero a los sordos, es lo único que ha surgido del grupo sordo. Quizás tengamos miedo a compartir nuestro

dos. Los profesores podían, hasta cierto punto, comunicarse con los estudiantes, entrar en sus mundos, en sus mentes. Pero (según me dijeron) la administración formaba un cuerpo directivo distante que dirigía el centro como si fuese una empresa, con cierta actitud de guardián «benévolo» hacia los sordos «impedidos», pero con poca sensibilidad real respecto a ellos como comunidad, como cultura. Los estudiantes y los profesores con los que hablé temían que la administración redujese aún más, si podía, el porcentaje de profesores sordos y limitara aún más el uso del lenguaje de señas por el cuerpo docente.[142]

Los estudiantes con los que hablé parecían animados, un grupo lleno de vivacidad cuando estaban juntos, pero temeroso e inseguro a menudo frente al mundo exterior. Tuve la sensación de que imperaba el sentimiento de un minado cruel de la propia imagen, incluso entre los que profesaban el «Orgullo Sordo». Tuve la sensación de que algunos de ellos se consideraban niños; un eco de la actitud paternal del consejo (y quizás de algunos de los miembros del cuerpo docente). Tuve la impresión de cierta pasividad entre ellos, la sensación de que aunque sus condiciones de vida podían mejorar en pequeños aspectos aquí y allá, su sino era que les menospreciaran, que les consideraran ciudadanos de segunda.[143]

---

lenguaje con oyentes. Quizás cuando los oyentes conozcan el ameslán desaparezca nuestra unidad de grupo (Kannapell, 1980, p. 112).

142. Sin embargo, hasta los profesores que hablan por señas tienden a utilizar una forma de inglés por señas en vez del ameslán. Salvo en matemáticas, donde la mayoría de los profesores son sordos, sólo una minoría del cuerpo docente de Gallaudet lo es, cuando en tiempos de Edward Gallaudet lo era la mayoría. Esto se corresponde, por desgracia, con la situación general. Hay muy pocos profesores de sordos que sean sordos; y la mayor parte de los profesores oyentes o no conocen el ameslán o no lo usan.

143. Por encima y además de los inconvenientes generales con los que se enfrentan los sordos (no por su incapacidad sino por *nuestra* dis-

Jueves 10 de marzo, por la mañana: Un taxi me deja en la calle Octava frente a la universidad. Las puertas de entrada llevan cuarenta y ocho horas bloqueadas. Lo primero que veo es una multitud inmensa, nerviosa, pero alegre y cordial, de centenares de estudiantes que obstaculizan la entrada al campus y que llevan enseñas y pancartas y hablan por señas entre ellos con gran animación. Uno o dos coches policiales vigilan fuera con los motores en marcha, aunque parecen una presencia amable. Los coches que pasan tocan mucho la bocina y esto me desconcierta, pero luego veo un cartel que dice «TOQUE LA BOCINA POR UN RECTOR SORDO». La multitud es al mismo tiempo extrañamente silenciosa y estruendosa: las conversaciones y discursos por señas son absolutamente silenciosos, pero los interrumpen curiosos aplausos, un nervioso sacudir de manos por encima de la cabeza, acompañado de gritos y vocalizaciones agudas.[144] Veo que

_____

criminación) hay toda clase de problemas específicos que surgen de su uso de un lenguaje de señas... pero son problemas sólo en la medida en que *nosotros* hacemos que lo sean. Es difícil para una persona sorda, por ejemplo, conseguir unos servicios médicos o legales adecuados; hay una veintena de abogados que hablan por señas en Estados Unidos, pero no hay casi ningún médico que lo haga (y, de momento, poquísimos auxiliares médicos o enfermeras). Apenas hay servicios de emergencia adecuados para sordos. Si una persona sorda se pone gravemente enferma es imprescindible inmovilizarle sólo un brazo con el gota a gota; inmovilizar los dos podría impedirle hablar. No suele caerse en la cuenta tampoco de que esposar a un sordo que habla por señas equivale a amordazarle.

144. Aunque se cree a veces que los sordos *son* silenciosos, además de habitar en un mundo de silencio, puede no ser así, son capaces de gritar muy fuerte si quieren, y pueden hacerlo para llamar la atención de otras personas. Si hablan, pueden hablar muy fuerte, y con una modulación muy pobre, pues no pueden controlar sus propias voces con el oído. Por último, puede haber vocalizaciones inconscientes y a menudo muy enérgicas de varios tipos, movimientos accidentales o inadvertidos del aparato vocal, ni pretendidos ni controlados, que tienden a acompañar a la emoción, al ejercicio y a la comunicación entusiasta.

uno de los estudiantes sube a una columna y empieza a hablar por señas con gran expresividad y belleza. No entiendo nada de lo que dice, pero tengo la sensación de que su discurso es puro y apasionado: todo su cuerpo, todos sus sentimientos parecen fluir mientras hace señas. Oigo murmurar un nombre (Tim Rarus) y caigo en la cuenta de que es uno de los dirigentes estudiantiles, uno de los Cuatro. Es evidente que el público está pendiente de cada seña, extasiado, y estalla a intervalos en aplausos tumultuosos.

Mientras observo a Rarus y a su público, y luego dejo vagar la mirada más allá de las barricadas, hacia el gran campus lleno de conversaciones por señas apasionadas, tengo una sensación abrumadora no sólo de otra forma de comunicación sino de otra forma de sensibilidad, otra forma de ser. Basta ver a los estudiantes, incluso al pasar, desde el exterior, y me siento tan exterior como cualquier transeúnte, para pensar que por su lenguaje, su forma de ser, *merecen* tener como rector a uno de los suyos, que quizás ninguna persona no sorda, que no hable por señas, podría entenderles. Se percibe, intuitivamente, que la intepretación no puede ser nunca suficiente, que los estudiantes se sentirán desvinculados de cualquier presidente que no sea uno de ellos.

Hay innumerables carteles y pancartas que reflejan la luz resplandeciente del sol de marzo: «PRESIDENTE SORDO YA». Es claramente el lema básico. Hay cierta cólera, no podría ser de otro modo, pero cubierta de ingenio. Así, un lema corriente es: «LA DOCTORA ZINSER NO ESTÁ PREPARADA PARA DESENVOLVERSE EN EL MUNDO SORDO», una réplica a la inoportuna declaración de Spilman respecto a los sordos. El propio comentario de la doctora Zinser la noche anterior («llegará un día en que un sordo será... rector de Gallaudet») ha motivado varios carteles que dicen: «¿POR QUÉ NO EL 10 DE MARZO DE 1988, DOCTORA ZINSER?». Los periódicos han hablado de «batalla» y «enfrentamiento», lo que da una cierta sensación de negociación, de tira y afloja. Pero los estudiantes dicen: «¿Negociación? Hemos olvidado la palabra. "Negociación" no aparece ya en nuestros diccionarios.» La doctora Zinser sigue buscando un «diálogo sensato», pero esto parece en sí una petición muy poco sensata, pues no hay, nunca ha habido, un terreno intermedio en el que pudiera desarrollarse el diálogo. A los estudiantes les preocupa su identidad, su supervivencia, es un todos-o-ninguno: tienen cuatro peticiones y no hay lugar para «algún día», o «quizás».

En realidad, la doctora Zinser no es nada popular. Muchos consideran no sólo que es particularmente insensible al talante de los estudiantes (al hecho notorio de que no la quieran, de que la universidad se ha llenado literalmente de barricadas contra ella), sino que defiende activamente la «línea dura» oficial y se atiene a ella. Al principio contaba con ciertas simpatías: había sido elegida correctamente y no sabía en lo que se metía. Pero a medida que pasaba el tiempo este punto de vista fue haciéndose cada vez menos defendible, y todo empezó a parecer una pugna de voluntades. La posición dura, «basta de tonterías», de la doctora Zinser alcanzó su apogeo ayer, cuando afirmó solemnemente que iba a «poner orden» en el campus díscolo. «Si la situación se descontrola –dijo– tendré que actuar para controlarla.» Esto enfureció a los estudiantes, que la quemaron rápidamente en efigie.

Algunas de las pancartas indican una clara indignación, una dice «ZINSER MARIONETA DE SPILMAN», otra «NO NECESITAMOS NODRIZA, MAMÁ SPILMAN». Empecé a darme cuenta de que lo que estaba presenciando era la llegada de los sordos a la mayoría de edad, que decían al fin, en voz muy alta: «YA NO SOMOS VUESTROS HIJITOS, YA NO QUEREMOS VUESTROS "CUIDADOS"».[145]

145. Esta irritación por el «paternalismo» (o «mamismo») es muy evidente en el número especial del periódico de los estudiantes (*The Buff*

Sorteé las barricadas, los discursos, las señas y me adentré en el gran campus maravillosamente verde, con sus grandes edificios victorianos que enmarcaban una escena muy poco victoriana. El campus hierve, visiblemente, de conversaciones. Hay por todas partes parejas o grupos pequeños hablando por señas. Se conversa en todas partes, y yo no entiendo nada; *yo* me siento el sordo, el sin voz, hoy, el impedido, la minoría en esta gran comunidad que habla por señas. Veo en el campus a muchos miembros del cuerpo docente, además de estudiantes. Un profesor hace y vende insignias con lemas («¡Frau Zinser, lárgate!») que se compran y se colocan en la solapa con la misma rapidez con que las hace. «¿Verdad que es magnífico? –dice al verme–. No lo había pasado tan bien desde Selman. Se parece un poco a Selman... y a los años sesenta.»

Hay muchos perros en el recinto, debe de haber cincuenta o sesenta en la gran extensión de césped. Las normas sobre los perros son bastante laxas aquí. Algunos son «lazarillos auditivos», pero otros son sólo perros. Veo a una chica que le habla por señas a su perro; el perro se vuelve obediente, se inclina, da una pata. Este perro lleva un cartel de tela blanca a cada lado que dice: «YO ENTIENDO LAS SEÑAS MEJOR QUE SPILMAN». (La presidenta de la junta directiva

---

and Blue) del 9 de marzo, en el que hay un poema titulado: «Querida Mami». Empieza así:

> Pobre mami Bassett-Spilman.
> Cómo se rebelan sus hijos.
> Ay si al menos escucharan
> el cuento que ella quiere contar.

y continúa en esta vena trece versos. (Spilman había aparecido en televisión, apoyando a Zinser, y había dicho: «Confiad en nosotros, ella no os decepcionará.») Los estudiantes hicieron miles de copias de este poema, se las podía ver flotando por todo el campus.

de Gallaudet lleva ocupando el cargo siete años y apenas habla por señas.)

Si bien había cierto aire de cólera, de tensión, en las barricadas, aquí dentro hay una atmósfera de calma y de paz; más aún, hay un ambiente alegre y festivo, hay perros por todas partes, y bebés y niños pequeños también; se ven muchos amigos y familiares conversando animadamente por señas. Hay tiendecitas de colores en el césped, y puestos de perritos calientes donde venden salchichas y refrescos: perros y perros calientes; se parece bastante a Woodstock, se parece bastante más a Woodstock que a una torva revolución.

A principios de semana las reacciones iniciales al nombramiento de Elisabeth Anne Zinser fueron furibundas... y sin coordinación; había un millar de individuos en el campus dando vueltas, rompiendo y tirando papel higiénico, con un talante destructivo. Pero de pronto, como dijo Bob Johnson, «cambió la conciencia». Pareció aflorar en cuestión de horas una conciencia nueva, serena, clara, y con ella, la resolución; un cuerpo político, de dos mil miembros, con una voluntad propia única y centrada. Lo que asombró a todos los que lo presenciaron fue la sorprendente rapidez con que surgió esta organización, el precipitado único, a partir del caos, de una voluntad comunal unánime. Y, sin embargo, era, claro, una ilusión en parte, pues había habido todo tipo de preparativos (y muchas personas) detrás de aquello.

Un elemento básico de esta «transformación súbita» (y básico, después, para organizar y articular todo el «levantamiento», que era demasiado digno, que estaba demasiado bellamente modulado para llamarlo «tumulto») fueron cuatro jóvenes dirigentes estudiantiles extraordinarios: Greg Hlibok, representante del cuerpo estudiantil, y sus compañeros Tim Rarus, Bridgetta Bourne y Jerry Covell. Greg Hlibok es un joven estudiante de ingeniería, del que Bob Johnson dice que tiene «mucho gancho, es lacónico, directo, pero en sus palabras hay mucho pensamiento y mucho juicio». El padre de Hlibok, que es también sordo, dirige una empresa de ingeniería; su madre Peggy O'Gorman, también sorda, lucha activamente por el uso del ameslán en la enseñanza de los sordos; y tiene dos hermanos sordos, uno escritor y actor y el otro asesor financiero. Tim Rarus nació también sordo y en una familia sorda y es el contrapunto perfecto de Greg: tiene una espontaneidad anhelante, una pasión y un vigor que se complementan magníficamente con la calma de Greg. Los cuatro habían sido elegidos ya antes de la sublevación (en realidad, cuando Jerry Lee era aún rector) pero han asumido un papel muy especial, sin precedentes, desde la dimisión del rector Lee.

Hlibok y los otros dirigentes estudiantiles compañeros suyos no han incitado ni inflamado a los estudiantes, todo lo contrario, ejercen una influencia tranquilizadora, de contención y moderación, pero han sido sumamente sensibles al «sentimiento» del campus y, también, al de la comunidad sorda en general, y creen como ellos que se ha llegado a un punto crucial. Han organizado a los estudiantes para pedir un rector sordo, pero no sólo han hecho eso: cuentan con el apoyo activo de los antiguos alumnos y de los dirigentes y las organizaciones de sordos de todo el país. Así pues, a la «transformación», a la aparición de una voluntad comunal, la han precedido muchos cálculos y muchos preparativos. No se trata de un orden que haya surgido del caos total (aunque pudiese parecerlo). Es más bien la manifestación súbita de un orden latente, la cristalización súbita de una solución supersaturada, una cristalización precipitada por el nombramiento de Zinser como rectora el sábado por la noche. Se trata de una transformación cualitativa, de la pasividad a la actividad, y no sólo en el sentido político sino en el moral, de una revolución. De pronto, los sordos han dejado de ser pasivos e impotentes, de estar desperdigados. De pronto han descubierto la fuerza tranquila de la unión.

196

Por la tarde consigo una intérprete y con su ayuda entrevisto a un par de estudiantes sordos. Uno de ellos me explica:

> Procedo de una familia oyente [...] he sentido presiones toda la vida, las presiones de los oyentes sobre mí («no puedes *desenvolverte* en el mundo oyente, no puedes triunfar en el mundo oyente») y ahora toda esa presión desaparece. Me siento libre de pronto, me siento lleno de energía. Sigues oyendo «no puedes, no puedes», pero ahora *puedo*. Las palabras «sordo e incapaz» quedarán desterradas para siempre; en su lugar figurarán «sordo y capaz».

Esto se parecía mucho a lo que me había dicho Bob Johnson cuando hablamos la primera vez, cuando me explicó que los sordos actuaban dominados por «una falsa ilusión de impotencia» y que, de pronto, esa ilusión se había hecho añicos.

Muchas revoluciones, transformaciones, despertares, son reacciones a circunstancias inmediatas (e insoportables). Lo más notable de la huelga de Gallaudet de 1988 es su conciencia histórica, el sentido de perspectiva histórica profunda que la informa. Esto resultaba muy visible en el campus. En cuanto llegué vi una pancarta en un piquete que decía: «LAURENT CLERC QUIERE UN RECTOR SORDO. ÉL NO ESTÁ AQUÍ PERO SU *ESPÍRITU* ESTÁ AQUÍ. APÓYANOS.» Oí que un periodista decía: «¿Quién demonios es Laurent Clerc?» Pero su nombre, su personalidad, desconocida en el mundo oyente, la conocen prácticamente todos en el mundo sordo. Es un padre fundador, una figura heroica de la historia y de la cultura sordas. La *primera* emancipación de los sordos (cuando consiguen por primera vez acceder a la instrucción y recuperar el amor propio y ganarse el respeto de sus semejantes) la inspiraron en gran medida los éxitos y la personalidad de Laurent Clerc. Resultaba por tanto inmensamente conmovedor ver aquella pancarta, y no podías evitar la sensación de que Laurent Clerc *estaba* allí, en el campus, *era*, aunque póstumamente, el verdadero espíritu y la verdadera voz de la rebelión, pues él, más que nadie, había puesto los cimientos de su instrucción y su cultura.

Cuando Clerc fundó el Asilo Estadounidense de Hartford con Thomas Gallaudet en 1817, no sólo introdujo la seña como instrumento de escolarización de los sordos en los Estados Unidos, sino que también introdujo un sistema escolar extraordinario; un sistema escolar que no tiene paralelo exacto en el mundo hablante. Pronto se abrieron por todo el país otros internados para sordos que utilizaban el lenguaje de señas que se había creado en Hartford. Los profesores de estos centros se habían educado casi todos en Hartford y la mayoría de ellos habían conocido al carismático Clerc. Aportaron sus propias señas autóctonas y difundieron más tarde un ameslán cada vez más perfeccionado y general por muchas zonas del país, y el nivel y las aspiraciones de los sordos siguieron aumentando.

El modelo singular de transmisión de la cultura sorda depende por igual del lenguaje de los sordos (la seña) y de sus centros de enseñanza. Estos centros actúan como focos de la comunidad sorda, transmitiendo la cultura y la historia sordas de una generación a la siguiente. Su influjo abarcó un ámbito mucho mayor que el aula de la clase: normalmente, las comunidades sordas surgían en torno a los centros de enseñanza, y los alumnos que acababan sus estudios tendían a no alejarse del lugar y solían, además, buscar trabajo allí. Y un elemento decisivo: la mayoría de estos centros para sordos eran internados. Carol Padden y Tom Humphries dicen lo siguiente:[146]

146. Padden y Humphries, 1988, p. 6.

El elemento más significativo de la vida residencial es el dormitorio. En los dormitorios, lejos del control estructurado de la clase, los niños entran en contacto con la vida social de los sordos. En ese entorno informal del dormitorio, no sólo aprenden a hablar por señas sino también el contenido de la cultura. De este modo, los centros de enseñanza se convierten en ejes de las comunidades que los rodean, conservando para la generación siguiente la cultura de generaciones anteriores [...] este modelo de transmisión único constituye el núcleo mismo de la cultura.[147]

147. Estas consideraciones deberían tenerse en cuenta en relación con la polémica actual sobre escuelas «especiales» o «de la corriente general». La corriente general (educar a niños sordos con los no sordos) tiene la ventaja de introducir a los sordos con los demás, en el mundo general (éste es al menos el propósito); pero puede también producir un aislamiento desvinculando a los sordos de su lenguaje propio y de su cultura. Hay en este momento mucha presión en Estados Unidos, en Canadá, en Inglaterra y en todas partes para que se cierren las escuelas residenciales y otros centros especiales para sordos. Esto se hace a veces bajo la bandera de derechos civiles para los impedidos, afirmando que tienen derecho a «igual acceso» o a un medio educativo «menos restrictivo». Pero los sordos, al menos los profunda y prelingüísticamente sordos, cuyo medio de comunicación primero y comunal es el lenguaje de señas, constituyen una categoría muy especial, única en realidad. No puede comparárseles con ningún otro tipo de alumnos. Los sordos no se consideran impedidos, sino miembros de una minoría lingüística y cultural que necesitan (y tienen realmente derecho a) estar juntos, ir juntos a clase, aprender en un lenguaje accesible a ellos y vivir en compañía y en comunidad con otros que son como ellos.

La legislación para impedidos, con su insistencia en igual acceso, no tiene en cuenta en absoluto estos requerimientos y necesidades especiales; peor aún, amenaza con destruir un sistema educativo único que además ha sido fundamental para proporcionar a los sordos continuidad lingüística y cultural. Muy recientemente (1989) el estado de Connecticut amenazó con cerrar el Asilo Estadounidense para Sordos, el Hartford Asylum que fundaron Clerc y Gallaudet en 1817, que no sólo fue el iniciador sino el guardián de la educación sorda en los Estados Unidos duran-

Así, a partir de 1817 se extienden por los Estados Unidos con gran rapidez no sólo un lenguaje y un tipo de enseñanza, sino un cuerpo de conocimientos compartidos, de creencias compartidas, de imágenes y narraciones estimadas, que pronto constituyeron una cultura rica y diferenciada. Existía, por primera vez, una «identidad» para los sordos, no una identidad meramente personal sino una identidad social y cultural. No eran ya sólo individuos, con éxitos o fracasos individuales; eran *un pueblo*, con su propia cultura, como los judíos o los galeses.[148]

---

te 173 años. Lo que habría sido un acto temerario e irrevocable se pospuso por suerte en el último momento... pero acciones similares continúan amenazando a escuelas residenciales de todo el país.

La población de estudiantes sordos no es homogénea, claro está: incluye muchos alumnos sordos poslingüísticos que no tienen el lenguaje de señas como primera lengua y que no se identifican con él ni con la comunidad sorda; hay alumnos de este tipo que pueden preferir realmente incorporarse al sistema general. Pero siempre habrá estudiantes sordos prelingüísticos cuya primera educación y enculturación se logrará mejor en escuelas residenciales y que deben tener al menos la opción de asistir a esos centros y de que no se les incluya a la fuerza en el sistema general. Estas escuelas, fundadas en los siglos XVIII y XIX, pueden tener, sin embargo, una atmósfera anacrónica y dickensiana. Hay que conservarlas, creo yo, pero modificándolas, haciéndolas más abiertas, menos decimonónicas. Así, la vieja escuela de via Nomentana de Roma, reformada, goza ahora de un nuevo período de vida, no sólo como escuela, sino como club, como centro artístico y teatral y como centro de investigación para los sordos... al que van también ya algunos alumnos oyentes y sus padres (Pinna *et al.,* 1990).

148. No hay nada exactamente equivalente en el mundo oyente al papel decisivo de los clubs para sordos, las escuelas residenciales para sordos, etc., pues éstos son, sobre todo, lugares donde la gente sorda encuentra un hogar. Los jóvenes sordos pueden sentirse, por desgracia, profundamente aislados, marginados incluso, en sus propias familias, en las escuelas de oyentes, en el mundo oyente; pero pueden encontrar una nueva familia, una sensación profunda de regreso al hogar, cuando se en-

En la década de 1850 se había hecho evidente que también hacía falta educación superior, que los sordos, antes analfabetos, necesitaban ahora una universidad. En el año 1857 el hijo de Thomas Gallaudet, Edward, de sólo veinte años, pero excepcionalmente dotado por sus antecedentes (su madre era sorda y él había aprendido el lenguaje de señas como primera lengua), su sensibilidad y su talento, fue nombrado director de la Institución Columbia para la Enseñanza de los Sordos, los Mudos y los Ciegos,[149] con la idea y la esperanza desde el principio de que pudiese convertirse en una universidad con apoyo federal. Esto se logró en 1864, y el Congreso otorgó su estatuto fundacional a lo que más tarde se convertiría en Universidad Gallaudet.

La vida, fecunda y extraordinaria, de Edward Gallau-

---

cuentran con otras personas sordas. Schein (1989) cita estas palabras de un joven sordo: «Mi hermana me habló de la Escuela Maryland para Sordos [...] mi reacción inmediata fue de cólera y de rechazo [...] de mí mismo. La acompañé a regañadientes a la escuela un día [...] y tuve por fin la sensación de llegar al *hogar*. Fue literalmente una experiencia amorosa. Por primera vez dejé de sentirme un *extraño* en tierra extraña y me sentí miembro de una comunidad.»

Y Kyle y Woll (1985) citan una descripción contemporánea de la visita de Clerc a una escuela de sordos de Londres en 1814: «En cuanto Clerc contempló aquello [los niños en el comedor] se le animó el semblante: se conmovió tanto como lo haría un viajero sensible al encontrarse de pronto en tierras lejanas con una colonia de compatriotas... Se acercó a ellos. Les hizo señas y le contestaron con señas. Esta comunicación inesperada les causó una sensación sumamente agradable y fue para nosotros una escena de emotividad y sensibilidad que nos produjo una gratísima satisfacción.

149. Pronto se estableció una separación entre los alumnos ciegos y los «sordomudos» (que era como solía llamarse a los sordos congénitos con poco dominio del habla o ninguno). De los dos mil alumnos sordos que hay hoy en Gallaudet hay unos veinte que son sordos y ciegos. Estos alumnos han de desarrollar, claro, una inteligencia y una sensibilidad táctiles asombrosas, como hizo Helen Keller.

det[150] se prolongó hasta bien entrado el siglo actual y pudo ser testigo de grandes cambios de actitud (no siempre admirables) hacia los sordos y hacia su instrucción. A partir de la década de 1860, e impulsada en gran medida en Estados Unidos por Alexander Graham Bell, adquirió fuerza, sobre todo, una actitud contraria al uso de la seña y que pretendía que se prohibiese en escuelas e instituciones. Gallaudet luchó contra esto, pero acabó abrumándole la atmósfera de la época y cierta mentalidad intransigente, que era demasiado racional para que pudiera llegar a entenderla.[151]

En la época en que murió Gallaudet, su universidad era famosa en el mundo entero y había demostrado irrefutablemente que los sordos, si tenían la posibilidad y los medios, podían igualar a los oyentes en todos los campos de la actividad académica... incluida la actividad atlética (el espectacular gimnasio de Gallaudet, proyectado por Frederick Law Olmsted e inaugurado en 1880, era uno de los mejores del país; y la costumbre de agruparse los jugadores de fútbol americano para planear jugadas se inventó en realidad en Gallaudet, para poder transmitirse tácticas secretas). Pero Gallaudet fue uno de los últimos defensores de la seña en el mundo educativo, que le había vuelto la espalda, y cuando él murió la universidad perdió (y como la universidad se había convertido en el símbolo y la aspiración de los sordos del mundo entero, también perdió el mundo sordo) al último y mayor propulsor de la seña en la educación.

En consecuencia, la seña, que había sido antes el len-

150. Véase Gallaudet, 1983.
151. Los protagonistas de esta lucha, Bell y Gallaudet, hijos los dos de madre sorda (pero madres con actitudes completamente distintas hacia su sordera), apasionadamente consagrados los dos a los sordos cada uno a su modo, fueron todo lo diferentes que pueden llegar a ser dos seres humanos (véase Winefield, 1987).

guaje predominante en la universidad, pasó a la clandestinidad y quedó confinada al uso coloquial.[152] Los estudiantes seguían utilizándola entre ellos, pero ya no se la consideraba lenguaje legítimo para la enseñanza y el discurso formal. Así pues, en el siglo que media entre la creación del Asilo Estadounidense por Thomas Gallaudet y la muerte de Edward

152. Ha habido un campo en el que el lenguaje de señas ha continuado usándose siempre, en todo el mundo, pese al cambio de hábitos y a las prohibiciones de los educadores: los servicios religiosos para sordos. Los sacerdotes nunca olvidaron las almas de sus feligreses sordos, aprendieron el lenguaje de señas (con frecuencia de ellos) y siguieron celebrando servicios religiosos por señas durante las interminables batallas en torno al oralismo y al eclipse de la seña en la educación seglar. El objetivo de De l'Epée era en primer lugar religioso, y este objetivo, y su pronta percepción del «lenguaje natural» de los sordos, han persistido obstinadamente durante doscientos años pese a las vicisitudes seculares. El uso religioso de la seña lo analiza Jerome Schein: «Esto de que la seña tiene un aspecto espiritual no debería sorprender a nadie, sobre todo si pensamos en su utilización por órdenes religiosas con voto de silencio y por los sacerdotes en la instrucción de los niños sordos. Pero lo que es preciso ver para poder apreciarlo plenamente es su singular idoneidad para el culto. La hondura expresiva que puede lograrse con el lenguaje de señas es indescriptible. El premio de la Academia que ganó Jane Wyman en 1948 por su interpretación de una chica sorda en *Belinda* sin duda se debió en gran parte a su bella (y fiel) versión del padrenuestro en ameslán.

»Quizás sea en el servicio religioso donde se hace más patente la belleza del lenguaje de señas. Algunas iglesias tienen coros de señas. Ver a sus miembros uniformados interpretar sus señas al unísono puede ser una experiencia impresionante.» (Schein, 1984, pp. 144-145).

En octubre de 1989 visité una sinagoga de Arleta, en el sur de California, para los servicios solemnes del Día de la Expiación (Yom Kippur). Había allí reunidas más de 200 personas, algunas que llegaban de cientos de kilómetros de distancia. Aunque hablaron algunos, el servicio se hizo todo en lenguaje de señas; el rabino, el coro y los fieles hablaron todos en lenguaje de señas. La lectura de la Ley (la Torá está escrita en un rollo y leen partes de ella diversos fieles), una lectura «en voz alta», se

Gallaudet en 1917 se produjo la ascensión y caída, la legitimación y descalificación del lenguaje de señas en Estados Unidos.[153]

La supresión de la seña en la década de 1880 tuvo consecuencias perniciosas sobre los sordos durante setenta y cinco años, no sólo por lo que se refiere a su instrucción y a sus logros académicos sino también a su imagen de sí mismos; y sobre su comunidad y toda su cultura. Esta comunidad y esta cultura, cuando existían, se mantenían en bolsas aisla-

---

hizo también por señas, una fluida traducción del hebreo bíblico al lenguaje de señas. Se habían añadido al servicio algunas oraciones especiales. En determinado momento, cuando se reza una oración expiatoria que dice: «Hemos hecho esto, hemos hecho aquello; hemos pecado haciendo esto, hemos pecado haciendo aquello...» se añadió un «pecado» extra: «Hemos pecado por no ser pacientes con los que oyen cuando no nos entendían.» Y se introdujo una oración de acción de gracias extra: «Tú nos diste manos para que pudiésemos crear un lenguaje.»

Sorprendía sobre todo el coro expresándose en lenguaje de señas; yo nunca había visto señas tan amplias y tan grandes ni señas al unísono; siempre había visto hablar por señas en el espacio de expresión habitual utilizado para el discurso humano, social, pero nunca hacia arriba, por encima de los hombros, hacia el Cielo, hacia Dios. (Había una atmósfera de gran devoción, aunque, justo enfrente de mí había una mujer de mediana edad cotilleando con las manos con su hija sin parar, una cotilla por señas que me recordó los cuchicheos y murmullos de las sinagogas de mi tierra.)

Los fieles se congregaron mucho antes del servicio, y se quedaron mucho después: fue un importante acontecimiento cultural y social, además de religioso. Estas congregaciones de fieles son sumamente raras y me pregunté inevitablemente cómo debía de ser la situación de un niño sordo que se cría en Montana o en Wyoming sin una iglesia o una sinagoga sorda en miles de kilómetros.

153. Esto sucedió no sólo en los Estados Unidos sino en todo el mundo: hasta la escuela de De l'Epée, cuando la visité en 1990, se había hecho «rígidamente» oral (De l'Epée debía de estar sin duda, creo yo, agitándose en su tumba).

das, no había ya aquella conciencia que había existido en otros tiempos, al menos la que se anunciaba en la «edad de oro» de la década de 1840, la de una comunidad y una cultura de ámbito nacional (y hasta mundial).

Pero ha habido un cambio en los últimos treinta años y se ha producido, en realidad, una relegitimación y una resurrección del lenguaje de señas de una amplitud sin precedentes; y con esto, y muchas cosas más, un descubrimiento o redescubrimiento de los aspectos culturales de la sordera: un sentido vigoroso de comunidad y de comunicación y de cultura, de autodefinición como una forma de ser única.

Aunque a De l'Epée le inspiraba una inmensa admiración el lenguaje de señas, tenía también ciertas reservas: lo consideraba, por una parte, una forma de comunicación completa («Cada sordomudo que nos envían tiene ya un lenguaje [...] con él expresa sus necesidades, deseos, dolores, etcétera, y entiende claramente cuando otros se expresan del mismo modo»); pensaba, por otra parte, que carecía de estructura interna, de gramática (e intentó infundírsela, partiendo del francés, con sus «señas metódicas»). Esta extraña mezcla de admiración y denigración persistió los doscientos años siguientes, incluso entre los sordos. Pero es probable que ningún lingüista se enfrentara realmente con la realidad del lenguaje de señas hasta que llegó a Gallaudet en 1955 William Stokoe.

Podemos hablar de «la revolución de 1988» y creer, como Bob Johnson, como todo el mundo en cierto modo, que fue un acontecimiento asombroso, una transformación, que difícilmente podríamos haber esperado que sucediese durante nuestra vida. Esto es cierto, sin duda, en un sentido; pero en otro hemos de aceptar que el movimiento, los diversos movimientos que confluyeron en la explosión de 1988, llevaban muchos años fraguándose, y que las semillas de la revolución se plantaron treinta años antes (y hasta quizás ciento cincuenta). Será una tarea compleja reconstruir la historia de los últimos treinta años, concretamente el nuevo capítulo de la historia de los sordos que podríamos considerar que se inició en 1960 con el artículo «explosivo» de Stokoe *Sign Language Structure*, el primer estudio científico serio del «sistema de comunicación visual de los sordos estadounidenses».

He hablado sobre esta compleja prehistoria de la revolución, la compleja y confusa maraña de acontecimientos y actitudes cambiantes que la precedieron, con muchas personas: con estudiantes de Gallaudet; con historiadores como Harlan Lane y John Van Cleve (compilador de la enorme *Gallaudet Encyclopedia of Deaf People and Deafness*, en tres volúmenes), con investigadores como William Stokoe, Ursula Bellugi. Michael Karchmer, Bob Johnson, Hilde Schlesinger y muchos otros, y no había ni dos de ellos que viesen las cosas del mismo modo.[154]

Stokoe mostraba las pasiones propias del científico... pero un científico del lenguaje es una criatura especial que ha de interesarse tanto por la vida humana, por la cultura y la comunidad humanas, como por los determinantes biológicos del lenguaje. Esta duplicidad de intereses y de enfoque llevó a Stokoe, en su *Dictionary* de 1965, a incluir un apéndice (escrito por su colaborador sordo Carl Croneberg) sobre «La comunidad lingüística», la primera descripción de las características sociales y culturales del pueblo sordo que utilizaba el ameslán. Padden, que escribió sobre el *Dictionary* quince años después, lo consideró un «hito»:[155]

154. Lamento no haber tenido posibilidad de analizar esto con Carol Padden y Tom Humphries, quienes, siendo sordos y científicos, están en condiciones de ver estos hechos desde dentro y desde fuera al mismo tiempo; su capítulo sobre «Una conciencia cambiante», incluido en *Deaf in America*, es la crónica breve más penetrante sobre el cambio de actitudes hacia los sordos, y entre los sordos, en los últimos treinta años.

155. Padden, 1980, p. 90.

Fue excepcional porque describió al «pueblo sordo» como un grupo cultural [...] representaba una ruptura de la larga tradición «patologizadora» [...] el libro aportó en cierto modo el reconocimiento público y oficial de un aspecto más profundo de la vida de los sordos: su cultura.

Pero aunque las obras de Stokoe se consideren retrospectivamente «explosivas» e «hitos», y aunque retrospectivamente se considere que han desempeñado un papel decisivo como impulsoras del cambio posterior de conciencia, fueron prácticamente ignoradas en su época. El propio Stokoe lo recordaba comentando irónicamente:[156]

La publicación en 1960 de *Sign Language Structure* provocó una curiosa reacción local. Todo el cuerpo docente de la Universidad Gallaudet, salvo el rector Detmold y uno o dos colegas, se lanzó encarnizadamente contra mí, contra la lingüística y contra el estudio del lenguaje de señas como lenguaje [...] Si la recepción del primer estudio lingüístico de un lenguaje de señas de la comunidad sorda fue fría dentro de ésta, fue criógena en un gran sector de la educación especial, que era por entonces una entidad cerrada tan hostil al lenguaje de señas como ignorante de la lingüística.

Desde luego el libro apenas tuvo eco entre sus colegas los lingüistas: las grandes obras generales sobre el lenguaje de la década de 1960 no hicieron ninguna alusión a él, no mencionaban siquiera el lenguaje de señas, en realidad. Tampoco Chomsky, el lingüista más revolucionario de nuestra época, cuando prometió en 1966 (en el prefacio de *Cartesian Lin-*

156. Stokoe, 1980, pp. 266-267.

guistics) un futuro libro sobre «lenguajes sustitutivos, por ejemplo, el lenguaje de gestos de los sordos», descripción que situaba el lenguaje de señas por debajo de la categoría de verdadero lenguaje.[157] Cuando Klima y Bellugi empezaron a estudiar el lenguaje de señas en 1970 tenían la sensación de territorio virgen, de una materia completamente nueva (esto era en parte reflejo de la originalidad de las propias investigadoras, esa originalidad que hace que cada materia parezca totalmente nueva).

Pero lo más notable fue, en cierto modo, la reacción indiferente u hostil de los propios sordos, que parecería natural que hubiesen sido los primeros en apreciar y alabar los descubrimientos de Stokoe. Existen interesantes descripciones de esto (y de «conversiones» posteriores) aportadas por antiguos colegas de Stokoe, y por otras personas, todas las cuales tenían como primer lenguaje la seña, por ser sordos o hijos de padres sordos. ¿Cómo es posible que los que hablaban por señas no fuesen los primeros que apreciasen la complejidad estructural de su propia lengua? Sin embargo fueron precisamente los que hablaban por señas los menos comprensivos o los que más se resistieron a las ideas de Stokoe. Así, Gilbert Eastman (que luego se convertiría en un eminente dramaturgo por señas y uno de los más ardorosos defensores de Stokoe) nos dice: «Mis colegas y yo nos reíamos del doctor Stokoe y de su disparatado proyecto. Era imposible analizar nuestro lenguaje de señas.»

Las razones son complejas y profundas y quizás no

157. Sin embargo, Klima y Bellugi explican que en 1965, en una conferencia, cuando Chomsky definió el lenguaje como «una correspondencia específica significado-sonido» y le preguntaron cómo definía los lenguajes de señas de los sordos (según este criterio), mostró una actitud comprensiva, dijo que no creía que el elemento sonido tuviese que ser decisivo, y reformuló su definición del lenguaje como una «correspondencia signo-significado» (Klima y Bellugi, 1979, p. 35).

tengan paralelo en el mundo oyente-hablante. Nosotros (el 99,9 por ciento de nosotros) damos por supuestos como algo natural el habla y el lenguaje hablado; no sentimos ningún interés especial por el habla, jamás le dedicamos una reflexión ni nos preocupamos de si se analiza o no. Pero la situación es radicalmente distinta en el caso de los sordos y del lenguaje de señas. Los sordos tienen un sentimiento profundo y especial respecto a su propia lengua: suelen alabarla en términos tiernos y reverentes (y lo han hecho así desde Desloges, en 1779). El sordo siente la seña como una parte sumamente íntima e indiferenciable de su yo, como algo de lo que depende y también como algo que pueden quitarle en cualquier momento (como sucedió, en cierto modo, en la conferencia de Milán en 1880). Se muestra receloso, como dicen Padden y Humphries, con «la ciencia de los otros», que creen que pueden superar su propio conocimiento del lenguaje de señas, un conocimiento que es «impresionista, global y no internamente analítico». Sin embargo, paradójicamente, pese a todo ese sentimiento reverente, el sordo ha compartido a menudo la incomprensión y el menosprecio hacia el lenguaje de señas del oyente. (Una de las cosas que más impresionaron a Bellugi, cuando inició su estudio, fue que los propios sordos, pese a hablar el lenguaje de señas como primera lengua, no tenían ni idea de la gramática y la estructura interna de ésta y tendían a considerarla pura mímica.)

Y, sin embargo, quizás esto no tenga por qué sorprendernos. Hay un viejo proverbio que dice que los peces son los últimos que identifican el agua. Y para los que hablan por señas, la seña es su medio y su agua, algo tan familiar y natural que no necesita ninguna explicación. Y, sobre todo, los usuarios de un lenguaje tienden a un realismo ingenuo, suelen ver su lengua como un reflejo de la realidad, no como una construcción. «Aquellos aspectos de las cosas que son para nosotros más importantes permanecen ocultos debido a su simplicidad y familiaridad», dice Wittgenstein. Así pues, quizás haga falta un punto de vista exterior para mostrar a los usuarios naturales de un idioma que sus propias expresiones, que a ellos les parecen tan simples y transparentes, son, en realidad, enormemente complejas y contienen y ocultan el vasto andamiaje de un auténtico idioma. Esto es precisamente lo que pasó con Stokoe y los sordos. Louie Fant lo expone con mucha claridad:[158]

> Yo me crié, como la mayoría de los niños hijos de padres sordos, sin la menor conciencia de que el ameslán fuese un lenguaje. Y no me sacaron de mi error hasta que tuve treinta y tantos años. Lo hicieron personas que no eran usuarias naturales del ameslán, que habían penetrado en el campo de la sordera sin ninguna idea preconcebida, sin ningún punto de vista previo respecto a los sordos y su lenguaje. Observaban el lenguaje de señas de los sordos con ojos nuevos.

Fant explica luego que, pese a trabajar en Gallaudet y llegar a conocer bien a Stokoe (e incluso a escribir un manual de iniciación al lenguaje de señas utilizando parte del análisis de Stokoe), siguió resistiéndose a la idea de que fuese un lenguaje real. Cuando abandonó Gallaudet para convertirse en miembro fundador del Teatro Nacional de los Sordos, en 1967, seguía manteniendo esta actitud igual que muchos otros; todas las obras de teatro eran en inglés por señas porque se consideraba el ameslán «inglés degradado no apto para la escena». Él y otros utilizaron el ameslán una o dos veces casi sin darse cuenta cuando declamaban en escena, con efectos electrizantes, y eso les causó una impresión extraña. «En

158. Fant, 1980

algún punto de los recovecos de mi mente –escribe Fant en esta época– había un convencimiento creciente de que Bill tenía razón, y que lo que nosotros llamábamos "lenguaje de señas real" era en realidad ameslán.»

Pero el cambio no llegó hasta 1970, cuando Fant conoció a Klima y a Bellugi, que le hicieron innumerables preguntas sobre «su» lenguaje:

> Mi actitud fue experimentando un cambio radical a medida que se desarrollaba la conversación. Bellugi, a su manera cordial y simpática, me hizo darme cuenta de lo poco que sabía yo en realidad del lenguaje de señas aunque lo conociese desde la infancia. Los elogios que hizo de Bill Stokoe y de su obra me obligaron a preguntarme si no estaría perdiéndome algo.

Y luego, por fin, unas semanas después:

> Me convertí. Dejé de oponerme a la idea de que el ameslán fuese un lenguaje y me entregué a su estudio para poder enseñarlo como lenguaje.

Y sin embargo (pese a hablar de «conversión») los sordos habían sabido siempre, intuitivamente, que el lenguaje de señas era un lenguaje. Pero quizá fuese necesaria una confirmación científica para que este conocimiento se hiciese consciente y explícito, y llegase a ser la base de una conciencia audaz y nueva de su propio lenguaje.

Los artistas (nos recuerda Pound) son las antenas de la raza. Y fueron los artistas los que sintieron primero en sí mismos, y proclamaron, el alborear de esta nueva conciencia. Así, el primer movimiento que surgió tras la obra de Stokoe no fue pedagógico ni político ni social, fue artístico. El Teatro Nacional de los Sordos se fundó en 1967, sólo dos años después de que se publicara el *Dictionary*. Pero hasta 1973 (seis años más tarde) no encargó y representó una obra en auténtico lenguaje de señas. Hasta entonces sus representaciones fueron sólo transliteraciones en inglés, por señas, de obras inglesas. (A pesar de que durante las décadas de 1950 y 1960 George Detmold, decano de Gallaudet, dirigió una serie de obras en las que instaba a los actores a apartarse del inglés por señas y a interpretar en ameslán.) Una vez vencida la resistencia, y asentada la nueva conciencia, ya nada pudo parar a los artistas sordos de todo tipo.[159] Surgieron así la poesía por señas, el humor por señas, la canción por señas, el baile por señas..., únicas artes por señas que no podían traducirse en habla. Surgió una tradición bárdica, o resurgió, entre los sordos, con bardos por señas, oradores por señas, cuentistas por señas, narradores por señas, que transmitieron y difundieron la historia y la cultura de los sordos, y que, al hacerlo, elevaron aún más su nueva conciencia cultural. El Teatro Nacional de los Sordos ha viajado, y viaja, por todo el mundo, no sólo presentando la cultura y el arte sordos a los oyentes sino reafirmando el

159. El ameslán se presta extraordinariamente bien a la transformación y la utilización artísticas (mucho más que cualquier tipo de inglés por señas o codificado manualmente), en parte porque es un lenguaje original, y por ello un lenguaje para la creación original, para el pensamiento; y en parte porque su carácter icónico y espacial se presta especialmente a la acentuación cómica, dramática y estética (la última parte del libro de Klima y Bellugi está especialmente dedicada a «El uso intensificado del lenguaje» de señas). Pero en el discurso ordinario pocos sordos se expresan en ameslán puro: la mayoría introducen e incorporan expresiones, señas, neologismos del inglés por señas, según las necesidades de comunicación. Aunque el ameslán y el inglés por señas sean completamente distintos en términos lingüísticos y neurológicos, hay a efectos prácticos una continuidad que va desde las formas del inglés por señas en un extremo, pasa por las diversas formas de inglés por señas tipo «lengua franca» y llega hasta el ameslán puro o «profundo» situado al otro extremo.

sentimiento de los sordos de tener una cultura y una comunidad mundiales.

Aunque el arte es arte y la cultura cultura, pueden tener una función política y educativa implícita, y hasta explícita. El propio Fant se convirtió en protagonista y en maestro; el libro que publicó en 1972, titulado *Ameslan: An Introduction to American Sign Language*, fue el primer manual elemental del lenguaje de señas que siguió directrices explícitamente stokoeanas; fue una fuerza que contribuyó a que volviese a la enseñanza el lenguaje de señas. A principios de la década de 1970 empezó a retroceder el oralismo exclusivo, después de noventa y seis años, y se introdujo (o reintrodujo, pues había sido bastante frecuente en varios países ciento cincuenta años antes) la «comunicación total» (el uso del lenguaje hablado y el lenguaje de señas a la vez).[160] Pero para conseguir eso hubo que superar una gran resistencia: Schlesinger nos cuenta que cuando defendía la reintroducción de los lenguajes de señas en la enseñanza recibió advertencias y cartas amenazadoras, y que su libro *Sound and Sign* provocó polémica cuando apareció en 1972 y se procuró «envolverlo en un papel de estraza vulgar como si fuese inaceptable». El conflicto aún persiste y aunque se utilice ya en las escuelas el lenguaje de señas, *es prácticamente siempre inglés por señas y*

160. Actualmente se fomenta el que los maestros, y otros, hablen por señas y oralmente de modo simultáneo. Con este método («Sim Com») se pretende obtener las ventajas de ambas formas de expresión, pero en la práctica no se consigue. El lenguaje oral tiende a lentificarse artificialmente para lograr la emisión simultánea de las señas, pero aun así el lenguaje de señas sufre, tiende a la expresión defectuosa y pueden omitirse señas decisivas, hasta el punto de resultar ininteligible a aquellos para los que se ideó el sistema, los sordos. Hay que añadir que es prácticamente imposible expresarse en ameslán y hablar al mismo tiempo, porque se trata de idiomas completamente distintos: es como si se pretendiese hablar en inglés y escribir en chino al mismo tiempo; quizás sea imposible, en realidad, neurológicamente.

no verdadero lenguaje de señas lo que se utiliza. Stokoe había dicho desde el principio que los sordos debían ser bilingües (y biculturales), que debían aprender el lenguaje de la cultura dominante, pero también e igualmente su propio lenguaje, la seña.[161] Pero como la seña aún no se utiliza en las escuelas, ni en ninguna institución (salvo las religiosas), sigue estando predominantemente limitado, como hace setenta años, a un uso coloquial y demótico. Esto sucede hasta en Gallaudet (de hecho, la política oficial de la universidad ha sido desde 1982 que toda comunicación por señas e interpretación en clase se efectúe en inglés por señas) y fue un motivo importante de la rebelión.

Lo personal y lo político siempre andan mezclados, y en este caso se mezclan además con lo lingüístico. Barbara Kannapell plantea esto cuando analiza cómo influyó en ella Stokoe, la nueva mentalidad, y cómo cobró conciencia de sí

---

161. Pero aún no ha habido en Estados Unidos ninguna tentativa oficial de proporcionar una educación bilingüe a niños sordos, sólo ha habido pequeños experimentos piloto (como el que nos explica Michael Strong en Strong, 1988). Y sin embargo, en contraste con esto, ha habido, como indica Robert Johnson, un uso amplio y fructífero de la instrucción bilingüe en Venezuela, donde hay un programa nacional y se utiliza a un número creciente de adultos sordos como ayudantes y maestros (Johnson, comunicación personal). Las escuelas venezolanas tienen guarderías a las que se envía a los bebés y a los niños sordos en cuanto se les diagnostica, para que tengan contacto con adultos sordos que hablen por señas, hasta que alcancen la edad prescrita para ir al parvulario y a las escuelas graduadas, donde se les instruye mediante un sistema bilingüe. En Uruguay se ha introducido un sistema similar. Estos dos programas sudamericanos han conseguido ya un notable éxito y parecen resultar muy prometedores para el futuro. Por desgracia son prácticamente desconocidos aún por los educadores europeos y estadounidenses (pero véase Johnson, Liddell y Erting, 1989). Ambos casos muestran muy claramente que se puede aprender a leer muy bien sin hablar y que la «comunicación total» no es un intermedio necesario entre la educación oral y la bilingüe.

misma como persona sorda con una identidad lingüística especial («mi lenguaje soy yo») pasando luego a considerar la seña un elemento básico de la identidad comunal de los sordos («rechazar el ameslán es rechazar a la persona sorda [...] [pues] el ameslán es una creación personal de las personas sordas como grupo [...] es lo único que tenemos que pertenece exclusivamente al pueblo sordo»). Estas consideraciones personales y sociales la impulsaron a crear en 1972 Orgullo Sordo, una organización dedicada a despertar la conciencia de los sordos.

El desprecio a los sordos, las actitudes paternalistas, la pasividad sorda e incluso la vergüenza sorda eran demasiado comunes antes de principios de la década de 1970; se ve muy claramente en una novela de 1970, *In This Sign*, de Joanne Greenberg, y fue preciso que saliese el diccionario de Stokoe, y que los lingüistas legitimasen la seña, para que se iniciase un movimiento en dirección contraria, un movimiento hacia la identidad sorda y el orgullo sordo.

Esto fue esencial pero no fue el único factor del movimiento de los sordos a partir de 1960: hubo otros de igual fuerza y confluyeron todos produciendo la revolución de 1988. Hay que tener en cuenta el talante de los años sesenta, con su sensibilidad especial hacia los pobres, los impedidos, las minorías; el movimiento de los derechos civiles, el activismo político, los diversos movimientos de «liberación» y de «orgullo»; todo esto estaba fraguándose a la vez que, venciendo gran resistencia, muy despacio, se legitimaba científicamente el lenguaje de señas y mientras los sordos iban acumulando poco a poco un sentimiento de amor propio y esperanza, y luchaban contra las imágenes y sentimientos negativos que les habían acosado durante un siglo. Había una tolerancia creciente, en general, hacia la diversidad cultural, una conciencia creciente de que las personas podían ser muy diferentes y sin embargo ser iguales y mutuamente valiosas;

una conciencia creciente, en concreto, de que los sordos *eran* un «pueblo», y no sólo un número de individuos aislados, anormales e incapacitados. Se pasó del criterio médico o patológico a un criterio antropológico, sociológico o étnico.[162]

Además de esta despatologización se produjo una mayor presencia de retratos de individuos sordos en todos los medios de comunicación, desde documentales a obras de teatro y novelas, con un enfoque cada vez más favorable e imagina-

162. Está especialmente interesado en esta cuestión el sociolingüista James Burword (véase Burword, 1982). Esta conciencia creciente de diversidad cultural, en vez de una «norma» única fija con «desviaciones» a ambos lados, se remonta a una generosa tradición de un siglo antes o más; sobre todo al punto de vista de Laurent Clerc (y ésta es otra razón, más fundamental incluso, de que los estudiantes invocasen su nombre, y pensasen que era *su* espíritu el que los guiaba).

Gracias a las enseñanzas que Clerc impartió hasta su muerte se amplió la visión decimonónica de la «naturaleza humana» y se introdujo una conciencia relativista e igualitaria del gran ámbito de lo natural, frente a la simple dicotomía de lo «normal» y lo «anormal». Solemos hablar de nuestros predecesores del siglo XIX calificándoles de rígidos, moralistas, represivos e intransigentes, pero el tono de Clerc y de los que le seguían da una impresión completamente distinta, la de que fue un período muy favorable hacia lo «natural», hacia toda la variedad y la gama de las tendencias naturales y que no propendía (o al menos lo hacía menos que nosotros) a emitir juicios moralizantes o clínicos sobre lo «normal» y lo «anormal».

Esta conciencia de la amplia gama de lo natural se aprecia una y otra vez en la breve *Autobiografía* de Clerc (de la que Lane publica fragmentos, Lane, 1984a). «Toda criatura, toda obra de Dios, está hecha admirablemente. Lo que nos parece defecto acaba redundando en ventaja nuestra sin que nos demos cuenta.» O también: «Sólo podemos dar gracias a Dios por la rica diversidad de su creación, y pensar que ojalá en el mundo futuro se nos explique la razón de ella.»

El concepto que Clerc tiene de «Dios», «creación», «naturaleza» (humilde, admirativo, afable, sin resentimiento) quizás nazca de su conciencia de sí mismo y de los demás sordos como seres diferentes pero, sin embargo, completos. Esto contrasta notablemente con la furia semiterri-

tivo. En estas obras se revelaban actitudes sociales en proceso de cambio, y una autoimagen también cambiante: la imagen dejó de ser la del tímido y patético señor Singer de *El corazón es un cazador solitario* y se convirtió en la audaz heroína de *Hijos de un dios menor*. El lenguaje de señas se introdujo en la televisión, en programas como «Barrio Sésamo», y empezó a convertirse en una opción popular en algunas escuelas. Todo el país cobró mayor conciencia de los sordos, hasta entonces invisibles e inaudibles; y también ellos cobraron más conciencia de sí mismos, de su poder y su visibilidad creciente en la sociedad. Los sordos, y los que les estudiaban, empezaron a mirar al pasado... para descubrir (o crear) una historia sorda, una mitología sorda, una herencia sorda.[163]

Así, a los veinte años del artículo de Stokoe, se combinaban una nueva conciencia, nuevos motivos, nuevas fuerzas de todo tipo, se preparaba un movimiento nuevo, un enfrentamiento. En la década de 1970 surgió no sólo Orgu-

---

ble, semiprometeica de Alexander Graham Bell, que considera siempre la sordera una estafa y una privación y una tragedia, y está constantemente obsesionado con la idea de devolver la «normalidad» a los sordos, de «corregir» los errores de Dios y «mejorar», en general, la naturaleza. Clerc aboga por la riqueza cultural, la tolerancia, la diversidad. Bell por la tecnología, la ingeniería genética, los audífonos, los teléfonos. Son dos tipos completamente opuestos, pero ambos tienen sin duda un papel que jugar en el mundo.

163. En 1981 se publicó un grueso volumen ilustrado, obra de Jack R. Gannon, titulado *Deaf Heritage: A Narrative History of Deaf America*. Los libros de Harlan Lane, de 1976 en adelante, no sólo expusieron la historia de los sordos en términos dramáticos y conmovedores, sino que constituyeron por sí mismos acontecimientos «políticos», sirvieron para proporcionar a los sordos una honda conciencia (quizás mítica, en parte) de su propio pasado y un anhelo de recuperar lo mejor del pasado en el futuro. Así pues, esos libros no sólo relataron la historia sino que también ayudaron a hacerla (lo mismo que el propio Lane no fue sólo un cronista sino que participó activamente en la revuelta de 1988).

llo Sordo sino también Poder Sordo. Surgieron dirigentes entre los sordos hasta entonces pasivos. Surgió un nuevo vocabulario que incluía términos como «autodeterminación» y «paternalismo». Los sordos, que hasta entonces habían aceptado que les calificaran de «impedidos» y «dependientes» (pues eso les habían considerado los oyentes), empezaron a considerarse poderosos, una comunidad autónoma.[164] Era evidente que tarde o temprano tendría que haber una rebelión, una afirmación política sorprendente de autodeterminación e independencia, y un rechazo definitivo del paternalismo.

Al acusar a las autoridades de Gallaudet de estar «mentalmente sordas» los estudiantes no aludían a ninguna malevolencia, sino más bien a un paternalismo mal enfocado, que los sordos creen que no tiene nada de benigno, pues se basa en la lástima y en una actitud de superioridad y una visión implícita de ellos como individuos «incapaces», e incluso enfermos. Se han hecho críticas concretas a algunos médicos relacionados con Gallaudet que suelen considerar a los sordos individuos que tienen una enfermedad en los oídos, y no

164. Al menos así les parecía a los observadores externos: los sordos se rebelaban contra la calificación de «impedidos». Los que estaban dentro de la comunidad sorda tendían a expresarlo de un modo distinto, a afirmar que ellos nunca se habían considerado impedidos. Padden y Humphries son muy claros a este respecto: «"Impedidos" es un apelativo que no ha correspondido históricamente a los sordos, sugiere autorrepresentaciones políticas y objetivos extraños al grupo. Cuando los sordos analizan su sordera utilizan términos estrechamente relacionados con su lenguaje, su pasado y su comunidad. Su preocupación constante ha sido preservar su lenguaje, los planes de educación de los niños sordos y conservar sus organizaciones sociales y políticas. El lenguaje moderno de "acceso" y "derechos civiles", aunque sea ajeno a los sordos, lo han utilizado sus dirigentes porque el público en general comprende más fácilmente estos planteamientos que los específicos de la comunidad sorda» (Padden, Humphries, 1988, p. 44).

individuos completos adaptados a una forma sensorial distinta. La opinión general es que esta benevolencia ofensiva se basa en un juicio de valor de los oyentes, que dicen: «Sabemos lo que es mejor para vosotros. Dejadnos *a nosotros* manejar las cosas», ya se trate de la elección del lenguaje (permitiendo o no permitiendo la seña) o de juzgar capacidades para la instrucción o para desempeñar trabajos. Aún se cree a veces, o se cree de nuevo (tras las mayores oportunidades ofrecidas a mediados del siglo XIX), que los sordos deberían ser impresores, o trabajar en correos, hacer tareas «humildes» y no aspirar a la enseñanza superior. En otras palabras, los sordos pensaban que se les dictaba, que se les trataba como a niños. Bob Johnson nos contó un caso típico:

Me he convencido, después de llevar aquí varios años, de que el cuerpo docente y el personal de Gallaudet trata a los estudiantes como si fuesen animalitos domésticos. Un estudiante fue, por ejemplo, a la oficina de empleo; habían dicho que habría una oportunidad de practicar entrevistas para empleos. La idea era firmar por una auténtica entrevista y aprender a hacerlas. Así que fue y puso su nombre en una lista. Al día siguiente llamó una mujer de la oficina de ayuda y le dijo que había preparado la entrevista, había encontrado un intérprete, había acordado la hora, había avisado para que un coche le llevase [...] y no entendía por qué él se puso furioso con ella. Se lo dijo: «El motivo de que yo hiciese esto era que quería aprender a comunicarme con una persona y aprender a conseguir el coche y aprender a conseguir el intérprete, y está usted haciéndolo por mí, eso es lo que yo no quiero.» Ése es el meollo del asunto.

Los estudiantes de Gallaudet no eran ni mucho menos infantiles o incompetentes, como se les suponía (y como tan a menudo se creían ellos mismos); se mostraron muy competentes en la organización de la rebelión de marzo. Me impresionó sobre todo la sala de comunicaciones, el centro neurálgico de Gallaudet durante la huelga, con su oficina central llena de teléfonos equipados con teletipos.[165] Los estudiantes sordos se comunicaban allí con la prensa y con la televisión magistralmente, les invitaron a ir, les concedieron entrevistas, compilaron noticias, emitieron declaraciones de prensa sin cesar; recaudaron fondos para la campaña «rector sordo ya»; solicitaron, y consiguieron, apoyo del Congreso, de candidatos a la presidencia, de dirigentes sindicales. Consiguieron la atención de los oídos del mundo, en aquel momento extraordinario, cuando lo necesitaban.

165. No hay por qué pensar que ni siquiera el más decidido partidario del lenguaje de señas sea contrario a otras formas de comunicación si es preciso valerse de ellas. La vida de los sordos ha cambiado muchísimo gracias a diversos instrumentos técnicos creados en los últimos veinte años, como la televisión con subtítulos y los teletipos e instrumentos de telecomunicación para sordos, artilugios todos ellos que habrían hecho las delicias de Alexander Graham Bell (que en principio inventó el teléfono, en parte al menos, como instrumento para ayudar a los sordos). Sin esos instrumentos, que los estudiantes supieron utilizar con mucha inteligencia, la huelga de 1988 en Gallaudet difícilmente podría haberse desarrollado como lo hizo.

Y sin embargo los teletipos tienen también un aspecto negativo. Antes de que fuesen fácilmente asequibles, quince años atrás, los sordos se esforzaban mucho por reunirse, iban continuamente a visitarse unos a otros y acudían con regularidad a su club local de sordos. Eran las únicas posibilidades de hablar con otros sordos; esta práctica constante de visitarse y encontrarse en los clubs establecía vínculos vitales que integraban a la comunidad sorda en un conjunto material unido. Ahora, con los teletipos (en Japón se usan faxes), los sordos se visitan mucho menos; empiezan a dejar de ir a los clubs, que se quedan vacíos; y se introduce una fragilidad nueva y preocupante. Puede ser que los teletipos (y los subtítulos y los programas por señas en televisión) den a los sordos la sensación de estar integrados en una aldea electrónica... pero una aldea electrónica no es como una real y la desaparición de las visitas y de la asistencia a los clubs no es algo que se pueda luego resucitar tan fácilmente.

Hasta la administración escuchó, de manera que después de considerar durante cuatro años a los estudiantes unos niños necios y rebeldes a los que había que meter en cintura, la doctora Zinser tuvo que pararse a escuchar, volver a examinar las ideas y supuestos que había mantenido durante mucho tiempo, enfocar las cosas desde otro punto de vista... y, por último, dimitir. Lo hizo de una forma conmovedora y que parecía sincera, diciendo que ni ella ni el consejo habían previsto el fervor y la resolución de los rebeldes, ni que la protesta fuese la punta del iceberg de un movimiento nacional creciente en favor de los derechos de los sordos. «He reaccionado a este movimiento social extraordinario de los sordos», dijo al presentar la dimisión la noche del 10 de marzo; y añadió que lo consideraba «un momento muy especial», un momento «único, un momento de derechos civiles en la historia del pueblo sordo».

Viernes, 11 de marzo: el ambiente en la universidad se ha transfomado completamente, se ha ganado una batalla, hay entusiasmo. Habrá que librar más combates. Las pancartas con las cuatro peticiones de los estudiantes han sido sustituidas por pancartas que dicen «3 y medio», porque la dimisión de la doctora Zinser sólo cumple a medias la primera petición, la de que haya un rector sordo inmediatamente. Pero hay también una suavidad que es nueva, la tensión y la cólera del jueves han desaparecido, junto con la posibilidad de una derrota humillante. Se percibe en todas partes una generosidad de espíritu... provocada creo yo que en parte por la elegancia y las palabras con que dimitió Zinser, palabras con las que se alineó también con lo que llamó un «movimiento social extraordinario», al que deseó la mejor suerte.

Llega apoyo de todas partes: llegan trescientos estudiantes sordos del Instituto Técnico Nacional para Sordos, entusiasmados y exhaustos tras un viaje en autobús de quince horas desde Rochester (Nueva York). Se han cerrado todas las escuelas de sordos del país como muestra de apoyo total. Llegan sordos de todos los estados: veo insignias de Iowa y Alabama, de Canadá, de América del Sur, así como de Europa e incluso de Nueva Zelanda. Los acontecimientos de Gallaudet han figurado en la prensa nacional durante cuarenta y ocho horas. Prácticamente todos los coches que pasan por delante de Gallaudet tocan ya la bocina, y las calles están llenas de simpatizantes cuando se aproxima la hora de la marcha hacia el Capitolio. Y sin embargo, pese a todos los toques de bocina, los discursos, las pancartas, los piquetes, impera una atmósfera excepcional de dignidad y serenidad.

Mediodía: Somos unas dos mil quinientas personas, unos mil estudiantes de Gallaudet y el resto simpatizantes, cuando iniciamos una lenta marcha hacia el Capitolio. Crece mientras vamos avanzando una maravillosa sensación de tranquilidad que me desconcierta. No es completamente física (de hecho hay muchísimo ruido, en realidad, los gritos ensordecedores de los sordos, en primer lugar) y llego a la conclusión de que se trata, más bien, de la serenidad de un drama moral. Es la sensación de historia que hay en el aire lo que aporta al momento esta serenidad extraña.

Lentamente, pues hay niños, bebés que van en brazos y algunos impedidos físicos entre nosotros (hay ciegos-sordos, atáxicos y algunos que van con muletas), lentamente y con una actitud resuelta y festiva a la vez, avanzamos hacia el Capitolio, y allí, bajo el claro sol de marzo, que ha brillado toda la semana, desplegamos pancartas y montamos piquetes. Una gran pancarta dice: «AÚN TENEMOS UN SUEÑO» y otra, en la que dieciséis personas llevan una letra cada una, dice simplemente: «CONGRESO, AYÚDANOS».

Estamos muy apretados, pero no hay ninguna sensación de agobio, más bien de una extraordinaria camaradería. Cuando van a empezar ya los discursos alguien me abraza..., pienso que debe de ser algún conocido, pero es un estudiante que lleva un distintitivo de «ALABAMA», que me abraza, me da un puñetazo amistoso en el hombro, sonríe, no nos conocemos, y sin embargo, en este momento especial, somos camaradas.

Pronuncian discursos Greg Hlibok y algunos profesores, diputados y senadores. Escucho un rato:

> Resulta irónico [dice un profesor de Gallaudet] que Gallaudet no haya tenido nunca un director ejecutivo sordo. Casi todas las universidades negras tienen un rector negro, testimonio de que los negros se dirigen a sí mismos. Casi todas las universidades de mujeres tienen como rectora a una mujer, como prueba de que las mujeres son capaces de dirigirse solas. Ya es hora de que Gallaudet tenga un rector sordo como prueba de que los sordos se dirigen solos.

Dejé vagar la atención, contemplando la escena en su conjunto: miles de personas, cada una de ellas profundamente individual, pero ligadas y unidas por un solo sentimiento. Después de los discursos hay un descanso de una hora, durante el cual algunas personas entran a ver a los miembros del Congreso. Pero la mayoría han llevado comida y se sientan y comen y charlan, o más bien se hacen señas, en la gran plaza del Capitolio..., para mí, como para todos los que han venido o lo ven por casualidad, es una escena maravillosas. Hay un millar de personas o más hablando por señas libremente, en un lugar público (no en privado, en casa, o en el recinto de Gallaudet), abiertamente, sin timidez, con elegancia, frente al Capitolio.

La prensa ha informado de todos los discursos, pero se ha dejado algo que es, sin duda, igual de significativo. No han sabido dar a un mundo expectante una visión real de la plenitud y la vitalidad, de la vida no médica, de los sordos. Y una vez más, vagando entre la inmensa multitud de individuos que hablan por señas, mientras comen emparedados y beben refrescos frente el Capitolio, me asalta el recuerdo de las palabras de un estudiante sordo de la Escuela California para Sordos, que había dicho por señas en televisión:

> Nosotros somos un solo pueblo, con nuestra cultura propia, nuestro lenguaje (el ameslán, que ha sido recientemente reconocido como un lenguaje por derecho propio). Y eso nos diferencia del pueblo oyente.

Volví del Capitolio con Bob Johnson. Yo tiendo a ser apolítico y me resulta difícil incluso comprender el vocabulario de los políticos. Bob, lingüista pionero del lenguaje de señas, que ha enseñado e investigado muchos años en Gallaudet, dice, mientras regresamos caminando:

> Es realmente extraordinario, porque toda mi experiencia me demostraba que los sordos eran pasivos y aceptaban el tratamiento que les dispensaban los oyentes. Yo veía que querían, o parecían querer, ser «clientes», cuando en realidad deberían estar controlando las cosas [...] y ahora de pronto ha habido una transformación de la conciencia de lo que significa ser sordo en el mundo, asumir la responsabilidad de las cosas. La falsa ilusión de que los sordos son impotentes, esa falsa ilusión, ahora, de pronto, ha desaparecido, y eso significa que para ellos puede cambiar completamente el carácter de las cosas. Me siento muy optimista, lleno de entusiasmo, pensando en lo que va a pasar en los próximos años.

«No entiendo bien qué quieres decir con lo de "clientes"», le dije.

224

Conoces a Tim Rarus [explica Bob], aquel que has visto en las barricadas esta mañana, cuya forma de hablar por señas te ha parecido tan admirable, pura y apasionada. Pues bien, él resumió en dos palabras en qué consiste este cambio. Dijo: «Es muy simple. Si no hay rector sordo, no hay universidad», luego se encogió de hombros y miró a la cámara de televisión; eso fue todo lo que dijo. Era la primera vez que los sordos se daban cuenta de que una «industria cliente» colonial como ésta no podía existir sin el cliente. Es una industria de diez mil millones de dólares para los oyentes. Si los sordos no participan, la industria desaparece.

El sábado hay un ambiente alegre de fiesta, es día libre (algunos estudiantes llevan trabajando prácticamente sin parar desde la primera manifestación de la noche del domingo), un día para cocinar al aire libre en el campus. Pero no por eso se olvidan los problemas. Hasta los nombres de las comidas tienen un tono satírico: se puede elegir entre «perritos calientes Spilman», y «hamburguesas del Consejo». El campus está de fiesta porque han venido estudiantes y escolares de muchos estados (una niñita negra sorda de Arkansas, al ver tanta gente hablando por señas a su alrededor, dice por señas: «Para mí hoy es como estar en familia»). Han llegado también artistas sordos de todas partes, algunos vienen a documentar y celebrar este acontecimiento único en la historia de los sordos.

Greg Hlibok está tranquilo, pero muy alerta: «Creemos que controlamos el asunto. Nos estamos tomando las cosas con calma. No queremos ir demasiado lejos.» Dos días antes, Zinser amenazaba con imponer un control. Lo que se ve hoy es autocontrol, esa confianza y esa conciencia serenas que nacen de la seguridad y la fuerza interior.

Domingo, noche, 13 de marzo: El consejo ha estado reunido nueve horas. Fueron nueve horas de tensión, de espera, en que nadie sabía lo que iba a pasar. Luego se abrió la puerta y apareció Philip Bravin, uno de los cuatro miembros sordos del consejo al que conocen todos los estudiantes. El hecho de que apareciese él y no Spilman explicaba la historia antes de que él la contase por señas. Hablaba, dijo, como presidente del consejo, pues Spilman había dimitido. Y su primera tarea era comunicar, en nombre del consejo, la buena noticia de que King Jordan había sido elegido rector.

King Jordan, que se quedó sordo a los veintiún años, lleva quince en Gallaudet, es el decano de la Escuela de Artes y Ciencias, un hombre popular, modesto y excepcionalmente sensato, que al principio apoyó a Zinser cuando salió elegida.[166] Jordan, que está muy emocionado, dice, hablando y por señas simultáneamente:

Me *emociona* y me asusta aceptar la invitación del Consejo de Dirección y convertirme en rector de la Universidad de Gallaudet. Éste es un momento histórico para los sordos de todo el mundo. Esta semana podemos decir verdaderamente que juntos, unidos, hemos superado nuestra resistencia a ponernos en pie y a defender nuestros derechos. El mundo ha visto que la comunidad sorda ha alcanzado la mayoría de edad. No aceptaremos ya límites respecto a lo que podemos conseguir. Los estudiantes de Gallaudet deben estar especialmente orgullosos porque nos demuestran en la práctica, ahora incluso, que uno puede aferrarse a una idea con tanta fuerza que la idea se haga realidad.

166. Aunque la elección de King Jordan entusiasmó prácticamente a todos, una pequeña facción consideró que su elección había sido un compromiso (ya que era sordo poslingüístico) y apoyó la candidatura de Harvey Corson, director de la Escuela Louisiana para Sordos, y tercer finalista, que es sordo prelingüístico y para quien la seña es el idioma natural.

Con esto estalla el dique y se desborda el entusiasmo por todas partes. Mientras todos vuelven a Gallaudet para una última asamblea triunfal, Jordan dice: «Ahora saben que el techo de lo que pueden conseguir se ha elevado. Sabemos que los sordos pueden hacer cualquier cosa que puedan hacer los oyentes salvo oír.» Y Hlibok, abrazando a Jordan, añade: «Hemos escalado la montaña hasta la cumbre y lo hemos hecho unidos.»

Lunes, 14 de marzo: Gallaudet da una impresión de normalidad. Las barricadas se han desmantelado y el campus está abierto. El «levantamiento» ha durado exactamente una semana: desde la noche del domingo pasado, 6 de marzo, en que se impuso la doctora Zinser a una universidad que la rechazaba, al feliz desenlace de anoche, de esa noche de domingo completamente distinta en que todo cambió.

«La creación del mundo duró siete días, a nosotros nos llevó siete días cambiarlo.» Éste era el chiste que los estudiantes se contaban por señas de un extremo a otro del campus. Y con esa sensación iniciaron sus vacaciones de primavera, volviendo con sus familias a lugares de todo el país, llevándose consigo el talante eufórico y las buenas noticias.

Pero el cambio objetivo, el cambio histórico, no llega en una semana, aunque pueda llegar, como llegó, en un día, su primer requisito previo: «El cambio de conciencia.» «Muchos estudiantes –me explicó Bob Johnson– no se dan cuenta de que va a costar mucho el cambio, aunque tengan ahora una sensación de fuerza y de poder..., la estructura de opresión está muy asentada.»

Pero se ha iniciado el cambio. Hay una «imagen» nueva y un movimiento nuevo, no sólo en Gallaudet sino en todo el mundo sordo. Las informaciones de los medios de comunicación, sobre todo de la televisión, han hecho a los sordos claros y visibles para todo el país; pero la influencia más profunda ha sido, claro, la que han ejercido en los propios sordos. Les ha soldado en una comunidad, una comunidad planetaria, algo que hasta ahora nunca había ocurrido.[167]

167. Aunque no pueda compararse el nivel de conciencia política que hay en Europa con el de los Estados Unidos, hay otros aspectos en los que las comunidades sordas europeas están más adelantadas. Los que utilizan el lenguaje de señas en Europa tienen mucha más experiencia, y una habilidad mucho mayor que sus colegas estadounidenses para establecer comunicación con personas sordas de otros países... y esto sucede no sólo con los individuos sino en reuniones en las que pueden congregarse personas con una docena de lenguajes de señas distintos. Hay un sistema artificial e inventado de gestos y señas llamado gestuno, análogo al ido o al esperanto; pero la forma real de comunicación es cada vez más el llamado lenguaje de señas internacional, que se basa en los vocabularios y las reglas de todos los presentes y que se improvisa, como si dijésemos, y se enriquece con ellos. Este lenguaje ha ido evolucionando, enriqueciéndose, formalizándose y convirtiéndose más y más en un lenguaje de veras a lo largo de tres décadas, aunque sea aún, básicamente, un idioma de contacto, *una lengua franca*. Habría que subrayar que esta comunicación «interlingüística» entre los sordos, que puede desarrollarse con notable rapidez y perfeccionamiento (muchísimo más de lo que pueda darse entre hablantes de diferentes lenguas) es bastante misteriosa y es tema de intensa investigación en este momento.

Los sordos europeos no sólo tienden a viajar mucho más (pues pueden superar las barreras lingüísticas con mucha más facilidad que los oyentes), sino que se casan con mayor frecuencia con sordos de otros países, con lo que se produce mucha más migración interlingüística. Sería improbable y difícil que un galés, por ejemplo, se estableciera en Finlandia y viceversa; pero estas migraciones (dentro de Europa al menos) no son tan infrecuentes entre los sordos. Pues la comunidad sorda es una comunidad supranacional, no muy distinta de la comunidad mundial de los judíos, o de otros grupos étnicos y culturales. Podemos estar, en realidad, en los inicios de una comunidad sorda paneuropea, una comunidad que puede extenderse fuera de Europa, porque la comunidad sorda abarca el mundo entero.

Los hechos han ejercido ya hondo influjo, cuando menos simbólico, en los niños sordos. Uno de los primeros actos de King Jordan cuando se reanudaron las clases después de las vacaciones de primavera fue visitar la escuela primaria de Gallaudet y hablar con los niños, algo que no había hecho nunca un rector. El que les dedique esta atención tiene que influir en su percepción de lo que pueden llegar a hacer cuando sean adultos. (Los niños sordos piensan a veces que se «convertirán» en adultos oyentes, o que si no serán criaturas débiles y grotescas.) Charlotte, de Albany, siguió los acontecimientos de Gallaudet por la televisión muy emocionada, ataviada con una camiseta «Poder Sordo» y practicando el saludo «Poder Sordo». Y dos meses después de la rebelión de Gallaudet yo me encontraba asistiendo a la graduación anual de la Escuela para Sordos de Lexington, que ha sido un bastión de la enseñanza oral desde la década de 1860. Greg Hlibok, un antiguo alumno, había sido invitado como orador; estaba invitado también Philip Bravin; y todos los discursos se hicieron por señas por primera vez en ciento veinte años. Todo esto habría sido inconcebible sin la rebelión de Gallaudet.

Esto se hizo muy patente, de hecho, en una notable conferencia y festival internacional de sordos, el Deaf Way, que se celebró en la ciudad de Washington en julio de 1989. Asistieron más de 5.000 sordos que procedían de más de ochenta países de todo el mundo. Al entrar en el enorme vestíbulo del hotel de la conferencia se podía ver a los asistentes utilizando docenas de lenguajes de señas distintos; pero al cabo de una semana era relativamente fácil la comunicación entre diferentes nacionalidades, no era la Babel que habría sido sin duda con docenas de idiomas hablados. Había dieciocho teatros de sordos, podías ver si querías *Hamlet* en lenguaje de señas italiano, *Edipo* en lenguaje de señas ruso o todo tipo de obras nuevas en docena y media de lenguajes de señas distintos. Se creó un Club Internacional de Sordos y veías los inicios, o la aparición, de una comunidad sorda global.

En Gallaudet se están iniciando cambios de todo tipo, administrativos, educativos, sociales, psicológicos. Pero lo más claro en este momento es un talante muy distinto entre los estudiantes, un talante que transmite un sentido nuevo, sin timidez alguna, de satisfacción y afirmación, de dignidad y de confianza. Este sentido nuevo de sí mismos constituye una ruptura decisiva con el pasado que era completamente inconcebible unos meses atrás.

Pero ¿ha cambiado todo? ¿Habrá un «cambio de conciencia» perdurable? ¿Encontrarán los sordos de Gallaudet y la comunidad sorda en general las oportunidades que buscan? ¿Permitiremos nosotros, los oyentes, que tengan esas oportunidades? ¿Les permitiremos ser ellos, una cultura única en nuestro medio, y les admitiremos sin embargo como coiguales en la práctica, en todos los campos? Yo albergo la esperanza de que los acontecimientos de Gallaudet no sean más que el principio.

BIBLIOGRAFÍA

Arlow, J. A. 1976. «Communication and Character: A Clinical Study of a Man Raised by Deaf-Mute Parents». *The Psychoanalytic Study of the Child*, 31: 139-163.

Baker, Charlotte, y Battison, Robbin, eds. 1980. *Sign Language and the Deaf Community: Essays in Honor of William C. Stokoe*. Silver Spring. Md.: National Association of the Deaf.

Bell, Alexander Graham. 1883. *Memoir Upon the Formation of a Deaf Variety of the Human Race*. New Haven: National Academy of Science.

Bellugi, Ursula. 1980. «Clues from the Similarities Between Signed and Spoken Language», en *Signed and Spoken Language: Biological Constraints on Linguistic Form*, ed. U. Bellugi y M. Studdert-Kennedy. Weinheim and Deerfield Beach, Fla.: Verlag Chemie.

Bellugi, Ursula, y Newkirk, Don. 1981. «Formal Devices for Creating New Signs in American Sign Language», *Sign Language Studies*, 30: 1-33.

Bellugi, U., O'Grady, L., Lillo-Martin, D., O'Grady, M., Van Hoek, K., y Corina, D., 1989. «Enhancement of Spatial Cognition in Hearing and Deaf Children», en *From Gesture to Language in Hearing Children*, ed. V. Volterra y C. Erting. Nueva York: Springer Verlag.

Belmont, John, Karchmer, Michael, y Bourg, James W. 1983. «Structural Influences on Deaf and Hearing Children's Recall of Temporal/Spatial Incongruent Letter Strings». *Educational Psychology*, 3, n.ºs 3-4: 259-274.

Bonvillian, J. D., y Nelson, K. E. 1976. «Sign Language Acquisition in a Mute Autistic Boy», *Journal of Speech and Hearing Disorders*, 41: 339-347.

Bragg, Bernard. 1989. *Lessons in Laughter* (dictado en señas a Eugene Bergman). Washington, D.C.: Gallaudet University Press.

Brown, Roger. 1958. *Words and Things*. Glencoe, Ill.: The Free Press.

Bruner, Jerome. 1966. *Towards a Theory of Instruction*, Cambridge, Mass.: Harvard University Press.

—, 1983, *Child's Talk: Learning to Use Language*. Nueva York y Oxford: Oxford University Press.

—, 1896, *Actual Minds, Possible Worlds*, Cambridge, Mass., y Londres, Harvard University Press.

Bullard, Douglas. 1986. *Islay*. Silver Spring, Md.: T. J. Publishers.

Burlingham, Dorothy. 1972. *Psychoanalytic Studies of the Sighted and the Blind*. Nueva York: International Universities Press.

Changeux, J. P. 1985. *Neuronal Man*. New York: Pantheon Books.

Chomsky, Noam. 1957. *Syntactic Structures*. La Haya: Mouton.

—, 1966, *Cartesian Linguistics*. Nueva York: Harper & Row.

—, 1968, *Language and Mind*. Nueva York: Harcourt, Brace and World.

Church, Joseph. 1961. *Language and the Discovery of Reality*. Nueva York: Randon House.

Conrad, R.. 1979. *The Deaf Schoolchild: Language and Cognitive Function*. Londres y Nueva York: Harper & Row.

Corina, David P. 1989. «Recognition of Affective and Noncanonical Linguistic Facial Expressions in Hearing and Deaf Subjects». *Brain and Cognition* 9, n.º 2: 227-237.

Crick, Francis. 1989. «The Recent Excitement About Neural Networks». *Nature,* 337 (12 de enero de 1989): 129-132.

Critchley, MacDonald. 1939. *The Language of Gesture.* Londres: Arnold.

Curtiss, Susan. 1977. *Genie: A Psycholinguistic Study of a Modern-Day «Wild Child».* Nueva York: Academic Press.

Damasio, A., Bellugi, U., Damasio, H., Poizner, H., y Van Gilder, J. 1986. «Sign Language Aphasia During Left-Hemisphere Amytal Injection». *Nature,* 322 (24 de julio de 1986): 363-365.

De l'Epée, C. M. 1776. *Institution des Sourds-Muets par la voie des signes méthodiques.* París: Nyon. Se publicaron en inglés algunos fragmentos en: *American Annals of the Deaf,* 1861. 13: 8-29.

Eastman, Gilbert. 1980. «From Student to Professional: A Personal Chronicle of Sign Language». En *Sign Language and the Deaf Community,* ed. C. Baker y R. Battison. Silver Spring, Md: National Association of the Deaf.

Edelman, Gerald M. 1987. *Neural Darwinism: The Theory of Neuronal Group Selection.* Nueva York: Basic Books.

—, 1990. *The Remembered Present.* Nueva York: Basic Books.

Erting, Carol J., Prezioso, Carlene, y Hynes, Maureen O'Grady. 1989. «The Interactional Context of Deaf Mother-Infant Communication». En *From Gesture to Language in Hearing and Deaf Children,* ed. V. Volterra y C. Erting. Nueva York: Springer Verlag.

Fant, Louie. 1980. «Drama and Poetry in Sign Language: A Personal Reminiscence». En *Sign Language and the Deaf Community,* ed. C. Baker y R. Battison. Silver Spring, Md.: National Association of the Deaf.

Fischer, Susan D. 1978. «Sign Languages and Creoles». En *Understanding Language Trough Sign Language Research*, ed. Patricia Siple. Nueva York: Academic Press.

Fraser, George R. 1976. *The Causes of Profound Deafness in Childhood*. Baltimore: Johns Hopkins University Press.

Furth, Hans G. 1966. *Thinking without Language: Psychological Implications of Deafness*. Nueva York: Free Press.

Gallaudet, Edward Miner. 1983. *History of the College of the Deaf, 1857-1907*. Washington, D.C.: Gallaudet College Press.

Gannon, Jack R. 1981. *Deaf Heritage: A Narrative History of Deaf America*. Silver Spring, Md.: National Association of the Deaf.

Gee, James Paul, y Goodhart, Wendy. 1988. «ASL and the Biological Capacity for Language». En *Language Learning and Deafness*. ed. Michael Strong. Nueva York y Cambridge: Cambridge University Press.

Geertz, Clifford. 1973. *The Interpretation of Cultures*. Nueva York: Basic Books.

Goldberg, E. 1989. «The Gradiential Approach to Neocortical Functional Organization». *Journal of Clinical and Experimental Neuropsychology*, 11, n.º 4: 489-517.

Goldberg, E., y Costa, L. D. 1981. «Hemispheric Differences in the Acquisition of Descriptive Systems». *Brain and Language*, 14: 144-173.

Goldberg, E., Vaughan, H. G., y Gerstman, L. G., 1978. «Nonverbal Descriptive Systems and Hemispheric Asymmetry: Shape Versus Texture Discrimination». *Brain and Language*, 5: 249-257.

Goldin-Meadow, S., y Feldman, H. 1977. «The Development of Language like Communication without a Language Model». *Science*, 197: 401-403.

Grant, Brian, ed. 1987. *The Quiet Ear: Deafness in Literature*. Prefacio de Margaret Drabble. Londres: Andre Deutsch.

Gregory, Richard. 1974. *Concepts and Mechanisms of Perception*. Londres: Duckworth.

Groce, Nora Ellen. 1985. *Everyone Here Spoke Sign Language: Hereditary Deafness on Martha's Vineyard*. Cambridge, Mass., y Londres: Harvard University Press.

Head, Henry. 1926. *Aphasia and Kindred Disorders of Speech*. Cambridge: Cambridge University Press.

Heffner, H. E., y Heffner, R. S. 1988. «Cortical Deafness Cannot Account for "Sensory Aphasia" in Japanese Macaques». *Society for Neuroscience Abstracts*, 14(2): 1099.

Helmholtz, Hermann L. F. 1875. *The Sensations of Tone, as a Physiological Basis for the Theory of Music*, trad. de A. J. Ellis. Londres: Longmans, Green & Co. (Edición original en alemán, 1862.)

Hewes, Gordon. 1974. «Language in Early Hominids». En *Language Origins*, ed. W. Stokoe, Silver Spring, Md.: Linstok Press.

Hughlings-Jackson, John. 1915. «Hughlings-Jackson on Aphasia and Kindred Affections of Speech, together with a complete bibliography of his publications on speech and a reprint of some of the more important papers». *Brain*, XXXVIII: 1-190.

Hull, John M. 1990. *Touching the Rock: An Experience of Blindness*. Londres: SPCK.

Hutchins, S., Poizner, H., McIntire, M., Newkirk, D., y Zimmerman, J. 1986. «A Computerized Written Form of Sign Languages as an Aid to Language Learning». En *Proceedings of the Annual Congress of the Italian Computing Society (AICA)*. Palermo. 141-151.

Itard, Jean-Marc. 1932. *The Wild Boy of Aveyron*, trad. de G. y M. Humphrey. Nueva York: Century.

Jacobs, Leo M. 1974. *A Deaf Adult Speaks Out*. Washington, D.C.: Gallaudet College Press.

James, William. 1893. «Thought Before Language: A Deaf-Mute's Recollections». *American Annals of the Deaf*, 38, n.º 3: 135-145.

Johnson, Robert E., Liddell, Scott K., y Erting, Carol J., 1989. «Unlocking the Curriculum: Principles for Achieving Acces in Deaf Education». Gallaudet Research Institute Working Paper 89-3.

Kisor, Henry. 1990. *What's that Pig Outdoors: A Memoir of Deafness*. Nueva York: Hill and Wang.

Kannapell, Barbara. 1980. «Personal Awareness and Advocacy in the Deaf Community». En *Sign Language and the Deaf Community*, ed. C. Baker y R. Battison. Silver Spring, Md: National Association of the Deaf.

Klima, Edward S., y Bellugi, Ursula. 1979. *The Signs of Language*. Cambridge, Mass.: Harvard University Press.

Knox, Jane E. 1989. «The Changing Face of Soviet Defectology: A Study in Rehabilitation of the Handicapped.» *Studies in Soviet Thought*, 37: 217-236.

Kosslyn, S. M., 1987. «Seeing and Imagining in the Cerebral Hemispheres: A Computational Approach». *Psychological Review*, 94: 148-175.

Kuschel, R. 1973. «The Silent Inventor: The Creation of a Sign Language by the Only Deaf-mute on a Polynesian Island». *Sign Language Studies*, 3: 1-27.

Kyle, J. G., y Woll, B. 1985. *Sign Language: The Study of Deaf People and Their Language*. Cambridge: Cambridge University Press.

Lane, Harlan. 1976. *The Wild Boy of Aveyron*. Cambridge, Mass.: Harvard University Press.

—, 1984a. *When the Mind Hears: A History of the Deaf*. Nueva York: Random House.

—, ed. 1984b. *The Deaf Experience: Classics in Language and Education*, trad. de Franklin Philip. Cambridge, Mass., y Londres: Harvard University Press.

Lenneberg, Eric H. 1967. *Biological Foundations of Language*. Nueva York: John Wiley & sons.

Lévy-Bruhl, Lucien. 1966. *How Natives Think*. Nueva

York: Washington Square Press. Publicado originalmente en 1910 como *Les Fonctions Mentales dans Sociétés Inférieures*.

Liddell, Scott. 1980. *American Sign Language Syntax*. The Hague: Mouton.

Liddell, Scott K., y Johnson, Robert E. 1986. «American Sign Language Compound Formation Processes, Lexicalization, and Phonological Remnants». *Natural Language and Linguistic Theory*, 4: 445-513..

—, 1989. *American Sign Language: The Phonological Basis*. Silver Spring, Md.: Linstok Press.

Luria, A. R. 1976. *Cognitive Development: Its Cultural and Social Foundations*. Cambridge, Mass.: Harvard University Press.

Luria, A. R., y Yudovich, F. I. 1958. *Speech and the Development of Mental Processes in the Child*. Londres: Staples Press.

Mahler, M., Pine, F., y Bergman, A. 1975. *The Psycghological Birth of the Human Infant*. Nueva York: Basic Books.

Mann, Edward John. 1836. *The Deaf and the Dumb*. S.l.: Hitchcock.

Miller, Jonathan. 1976. «The Call of the Wild». *New York Review of Books*, 16 de septiembre.

Myklebust, Helmer R. 1960. *The Psychology of Deafness*. Nueva York y Londres: Grune & Stratton.

Neisser, Arden. 1983. *The Other Side of Silence*. Nueva York: Alfred A. Knopf.

Neville, Helen J. 1988. «Cerebral Organization for Spatial Attention». En *Spatial Cognition: Brain Bases and Development*, ed. J. Stiles-Davis, M. Dritchevsky y U. Bellugi. Hillsdale, N. J., Hove y Londres: Lawrence J. Erlbaum.

—, 1989, «Neurobiology of Cognitive and Language Processing: Effects of Early Experience». En *Brain Maturation and Behavioral Development*, ed. K. Gibson y A. C. Petersen. Hawthorn, Nueva York: Aldine Gruyter Press.

Neville, H. J., y Bellugi, U. 1978. «Patterns of Cerebral Specialization in Congenitally Deaf Adults: A Preliminary Report. En *Understanding Language Through Sign Language Research*, ed. Patricia Siple. Nueva York: Academic Press.

Newkirk, Don. 1987. *SignFont Handbook*. San Diego: Emerson & Stern Associates.

Padden, Carol. 1980. «The Deaf Community and the Culture of Deaf People». En *Sign Language and the Deaf Community*, ed. C. Baker y R. Battison. Silver Spring, Md.: National Association of the Deaf.

Padden, Carol, y Humphries, Tom. 1988. *Deaf in America: Voices from a Culture*. Cambridge, Mass., y Londres: Harvard University Press.

Penrose, Roger. 1989. *The Emperor's New Mind*. Nueva York: Oxford University Press.

Petitto, Laura A., y Bellugi, U. 1988. «Spatial Cognition and Brain Organization: Clues from the Acquisition of a Language in Space». En *Spatial Cognition: Brain Bases and Development*, ed. J. Stiles-Davis, M. Kritchevsky, y U. Bellugi. Hillsdale, N.J., Hove, y Londres: Lawrence J. Erlbaum.

Pinna, P., Rampelli, L., Rossini, P. y Volterra, V. 1990. «Written and Unwritten Records from a Residential School in Rome». *Sign Language Studies, 67*: 127-140.

Poizner, Howard, Klima, Edward, S., y Bellugi, Ursula. 1987. *What the Hands Reveal about the Brain*. Cambridge, Mass., y Londres: MIT Press.

Rapin, Isabelle. 1979. «Effects of Early Blindness and Deafness on Cognition». En *Congenital and Acquired Cognitive Disorders*, ed. Robert Katzman. Nueva York: Raven Press.

—, 1986. «Helping Deaf Children Acquire Language: Lessons from the the Past». *International Journal of Pediatric Otorhinolaryngology, 11*: 213-223.

Restak, Richard M. 1988. *The Mind*. Nueva York: Bantam Books.

Rymer, Russ. 1988. «Signs of Fluency». *The Sciences*, septiembre, 1988: 5-7.

Sacks, Oliver. 1985. *The Man Who Mistook his Wife for a Hat*. Nueva York: Summit Books. (*El hombrre que confundió a su mujer con un sombrero*, Barcelona: Anagrama, 2000.)

Savage-Rumbaugh, E. S. 1986. *Ape Language: From Conditioned Response to Symbol*. Nueva York: Columbia University Press.

Schaller, Susan. 1991. *A Man without Words*. Nueva York: Summit Books.

Schein, Jerome D. 1984. *Speaking the Language of Sign: The Art and Science of Signing*. Garden City. Nueva York: Doubleday.

—, 1989. *At Home Among Strangers*. Washington, D.C.: Gallaudet University Press.

Schlesinger, Hilde. 1987. «Dialogue in Many Worlds: Adolescents and Adults–Hearing and Deaf». En *Innovations in the Habilitation and Rehabilitation of Deaf Adolescents*, ed. Glenn B. Anderson y Douglas Watson. Arkansas Research and Training Center.

—, 1988, «Questions and Answers in the Development of Deaf Children». En *Language Learning and Deafness*, ed. Michael Strong. Cambridge y Nueva York: Cambridge University Press.

Schlesinger, Hilde S., y Meadow, Kathryn P. 1972. *Sound and Sign: Chilhood Deafness and Mental Health*. Berkeley, Los Ángeles, Londres, University of California Press.

Shengold, Leonard. 1988. *Halo in the Sky: Observations on Anality and Defense*. Nueva York: Guilford Press.

Stern, Daniel N. 1985. *The Interpersonal World of the Infant*. Nueva York: Basic Books.

Stokoe, William C. 1960. *Sign Language Structure*, reedición. Silver Spring, Md.: Linstok Press.

—, 1974. «Motor Signs as the First Form of Language». En *Language Origins*, ed. W. Stokoe. Silver Spring, Md.: Linstok Press.

—, 1979. «Syntactic Dimensionality: Language in Four Dimensions». Presentado en la Academia de Ciencias de Nueva York, noviembre, 1979.

—, 1980. Postfacio. En *Sign Language and the Deaf Community*, ed. C. Baker y R. Battison. Silver Spring, Md.: National Association of the Deaf.

—, 1987. «Sign Writing Systems». En *Gallaudet Encyclopedia of Deaf People and Deafness*, vol. 3, ed. John van Cleve. Nueva York: McGraw-Hill.

Stokoe, Wiliam C., Casterline, Dorothy C., y Croneberg, Carl G. 1976. *A Dictionary of American Sign Language on Linguistic Principles*. Edición revisada. Silver Spring, Md.: Linstok Press.

Strong, Michael. 1988. «A Bilingual Approach to the Education of Young Deaf Children: ASL and English». En *Language Learning and Deafness*, ed. M. Strong, Cambridge y Nueva York: Cambridge University Press.

Supalla, Samuel J. En proceso de edición. «Manually Coded English: The Modality Question in Signed Language Development». En *Theoretical Issues in Sign Language Research, vol. 2: Aquisition*, ed. Patricia Siple. Chicago: University of Chicago Press.

Supalla, Ted, y Newport, Elissa. 1978. «How Many Seats in a Chair?: The Derivation of Nouns and Verbs in American Sign Language». En *Understanding Language through Sign Language Research*, ed. Patricia Siple. Nueva York: Academic Press.

Sur, Mriganka; Garraghty, Preston E., y Roe, Anna W. 1988. «Experimentally Induced Visual Projections into Auditory Thalamus and Cortex». *Science,* 242: 1437-1441.

Tronick, E., Brazelton, T. B., y Als, H. M. 1978, «The Structure of Face-to-face Interaction and its Developmental Functions». *Sign Language Studies*, 18: 1-16.

Tylor, E. B. 1874. *Researches into the Early History of Mankind*. Londres: Murray.

Van Cleve, John, ed. 1987. *Gallaudet Encyclopedia of Deaf People and Deafness*. Nueva York: MacGraw-Hill.

Von Feuerbach, Anselm. 1834. *Caspar Hauser: An Account of an individual kept in a dungeon, separated from all communication with the world from early childhood to about the age of seventeen.* Londres: Simpkin & Marshall. Edición original en alemán (1832), con el título de *Kaspar Hauser.*

Vygotsky, L. S. 1962. *Thought and Language*, editado y traducido por Eugenia Hanfmann y Gertrude Vahar Cambridge, Mass., y Nueva York: MIT Press y John Wiley & Sons. Edición original rusa publicada en 1934.

Vygotsky, L. S. 1991. *The Collected Works of L. S. Vygotsky, vol. II. Problems of Abnormal Psychology and Learning Disabilities: The Fundamentals of Defectology* (título en ruso: *Principios de Defectología)*, ed. R. Rieber y A. S. Carton, trad. de J. E. Knox y C. Stevens. Nueva York: Plenum Press.

Walker, Lou Ann. 1986. *A Loss for Words: The Story of Deafness in a Family.* Nueva York: Harper & Row.

Washabaugh, William. 1986. *Five Fingers for Survival.* Ann Arbor: Karoma.

Whorf, Benjamin Lee. 1956. *Language, Thought, and Reality.* Cambridge: Technology Press.

Winefield, Richard. 1987. *Never The Twain Shall Meet: Bell, Gallaudet and the Communications Debate.* Washington, D.C.: Gallaudet University Press.

Winnicott, D. W. 1965. *The Maturational Process and the Facilitating Environment.* Nueva York: International University Press.

Wittgenstein, Ludwig. 1953. *Philosophical Investigations.* Londres: Blackwell.

Wood, David; Wood, Heather; Griffiths, Amanda y Howarth, Ian. 1986. *Teaching and Talking with Deaf Children.* Chichester y Nueva York: John Wiley & Sons.

Woodward, James. 1978. «Historical Bases of American Sign Language». En *Understanding Language Through Sign Language Research*, ed. Patricia Siple. Nueva York: Academic Press.

Woodward, James. 1982. *How you Gonna Get to Heaven if You Can't Talk with Jesus: On Depathologizing Deafness*. Silver Spring, Md.: T. J. Publishers.

Wright, David. 1969. *Deafness*. Nueva York: Stein y Day. (Reeditado en 1990 por Faber and Faber, Londres.)

Zaidel, E. 1981. «Lexical Organization in the Right Hemisphere». En *Cerebral Correlates of Conscious Experience*, ed. P. Buser y A. Rougeul-Buser. Amsterdam: Elsevier.

BIBLIOGRAFÍA SELECTA

HISTORIA DE LOS SORDOS

La historia más completa de los sordos, desde su liberación en la década de 1750 a la (nefasta) conferencia de Milán de 1880, se puede encontrar en el libro de Harlan Lane *When the Mind Hears: A History of the Deaf.*

En otro libro del que Harlan Lane es compilador, *The Deaf Experience: Classics in Language and Education*, traducido al inglés por Franklin Philip, se incluyen fragmentos de autobiografías de los primeros sordos alfabetizados, y de sus maestros, durante este período.

El libro de Jack Gannon *Deaf Heritage: A Narrative History of Deaf America* es una historia amena e informal de los sordos, llena de estampas personales y de ilustraciones fascinantes.

El propio Edward Gallaudet escribió una historia semiautobiográfica de la Universidad Gallaudet, *History of the College for the Deaf, 1857-1907.*

En la edición «para especialistas» (la undécima) de la *Encyclopaedia Britannica* hay un extenso artículo, muy informativo, titulado «Deaf and Dumb».

ISLAS DE SORDOS

El libro de Nora Ellen Groce *Everybody Here Spoke Sign Language: Hereditary Deafness on Martha's Vineyard*, es una crónica sumamente vivaz y conmovedora sobre esa comunidad única de Martha's Vineyard.

BIOGRAFÍAS Y AUTOBIOGRAFÍAS

El libro de David Wright *Deafness* es la descripción más bella que conozco de una sordera adquirida.

Hay un libro más reciente de Lou Anne Walker, *A Loss for Words: The Story of Deafness in a Family*, que traza un vigoroso cuadro de la vida de un niño oyente hijo de padres sordos. *The Quiet Ear: Deafness in Literature*, compilado por Brian Grant, con un prefacio de Margaret Drabble, es una antología sumamente legible y variada de relatos cortos de sordos o sobre ellos.

El eminente actor sordo Bernard Bragg publicó una crónica gráfica de una vida rica y fecunda, *Lessons in Laughter*. Es interesante añadir que no la escribió (aunque Bragg, actor shakespeariano, posee una sólida formación literaria), sino que la redactó en lenguaje de señas (pues su primera lengua es el lenguaje de señas, no el inglés) y luego la tradujo al inglés.

Otra crónica fascinante de una vida plena y fecunda es *What's that Pig Outdoors*, del director de la sección de libros del *Sun Times* de Chicago, Henry Kisor. Kisor perdió la audición a los tres años y medio, cuando había aprendido ya el habla y el lenguaje (no habla por señas sino que lee los labios y habla). No se identifica como culturalmente sordo y, a diferencia de la de Bernard Bragg, su vida se ha desarrollado toda en el mundo hablante.

Las investigaciones demográficas suelen ser aburridas, pero Jerome Schein es incapaz de ser aburrida. *The Deaf Population of the United States*, de Jerome G. Schein y Marcus T. Delk, hijo, traza un animado perfil de la población sorda de los Estados Unidos hace quince años, en una época en que empezaban a producirse cambios importantes. Se recomiendan también los libros de Jerome T. Schein: *Speaking the Language of Sign: the Art and Science of Signing* y *At Home Among Strangers*.

Resulta interesante comparar y contrastar la situación de los sordos y su lenguaje de señas en Inglaterra. J. G. Kyle y B. Woll aportan, en *Sign Language: The Study of Deaf People and Their Language*, un magnífico informe sobre este tema.

El libro *Sign Language and the Deaf Community: Essays in Honor of William C. Stokoe*, compilado por Charlotte Baker y Robbin Battison, traza un panorama espléndido de la comunidad sorda. No hay un solo ensayo en ese volumen que no sea fascinante, y hay también una evocación importante y conmovedora del propio Stokoe.

Un libro extraordinario (y aún más porque sus autores son sordos y pueden hablar sobre la comunidad sorda desde dentro, de su organización, sus aspiraciones, sus imágenes, sus creencias, su arte, su lenguaje) es *Deaf in America: Voices from a Culture*, de Carol Padden y Tom Humphries.

También resulta muy accesible para el lector normal y contiene interesantes entrevistas con miembros de la comunidad sorda el libro de Arden Neiser *The Other Side of Silence: Sign Language and the Deaf Community in America*.

La *Gallaudet Encyclopedia of Deaf People and Deafness*, compilada por John van Cleve, es un auténtico tesoro para leerla al azar (aunque los vólumenes sean algo pesados para leerlos en la cama y algo caros para hacerlo en el baño). Uno de los gozos de esta enciclopedia (como de todas las buenas enciclopedias) es que se puede abrir por cualquier parte y encontrar ilustración y goce.

DESARROLLO DEL NIÑO Y EDUCACIÓN DE LOS SORDOS

Las obras de Jerome Bruner permiten constatar cómo una psicología revolucionaria puede a su vez revolucionar la educación. Son especialmente notables a este respecto dos libros de Bruner: *Towards a Theory of Instruction* y *Child's Talk: Learning to Use Language*.

Un importante estudio «bruneriano» sobre el desarrollo y la educación de los niños sordos es *Teaching and Talking with Deaf Children*, de David Wood, Heather Wood, Amanda Griffiths e Ian Howarth.

Las obras recientes de Hilde Schlesinger sólo pueden encontrarse en la literatura profesional, que no es siempre fácilmente asequible. Pero su obra anterior es accesible y atractiva a la vez: véase *Sound and Sign: Chilhood Deafness and Mental Health*, de Hilde S. Schlesinger y Kathryn P. Meadow.

En el libro de Dorothy Burlingham *Psychoanalitic Studies of the Sighted and the Blind*, se aúnan con vigor la observación y el psicoanálisis; ojalá se pudiera hacer un estudio similar con niños sordos.

Daniel Stern también combina la observación directa y la especulación psicoanalítica en *Interpersonal World of the Infant*. A Stern le interesa en especial el desarrollo del «yo verbal».

GRAMÁTICA, LINGÜÍSTICA Y SEÑA

El genio lingüístico de nuestra época es Noam Chomsky, que ha escrito una docena de libros sobre el lenguaje, a partir de su obra revolucionaria *Syntactic Structures* (1957). Lo que a

246

mí me parece más legible y más atractivo son sus Conferencias Beckman, 1967, reimpresas con el título de *Language and Mind*.

La figura básica en la lingüística del lenguaje de señas ha sido, desde 1970, Ursula Bellugi. No hay ninguna obra suya que pueda considerarse propiamente divulgativa, pero se pueden vislumbrar panoramas fascinantes y se puede uno sumergir con placer en el enciclopédico *The Signs of Language*, del que es autora junto con Edward S. Klima. Bellugi y sus colegas han sido además los principales investigadores de la base neural de la seña; el libro de Howard Poizner, Edward S. Klima y Ursula Bellugi *What the Hands Reveal about the Brain* transmite bien el carácter fascinante del tema.

LIBROS GENERALES SOBRE LENGUAJE

Words and Things de Roger Brown es sumamente legible, ingenioso y estimulante.

También legible y magnífico, aunque resulte a veces demasiado dogmático, es *Biological Foundations of Language*, de Eric H. Lenneberg. Las investigaciones más profundas y bellas pueden hallarse en el libro de L. S. Vygotsky *Thought and Language*, que se publicó primero en ruso, póstumamente, en 1934, y que más tarde tradujeron al inglés Eugenia Hanfmann y Gertrude Vakar. A Vygotsky se le ha llamado, nada injustamente, «el Mozart de la psicología».

Un favorito personal mío es *Language and the Discovery of Reality: A Developmental Psychology of Cognition*, de Joseph Church, un libro al que uno vuelve una y otra vez.

Aunque quizás esté pasado de moda (o quizás no), los libros de Lucien Lévy-Bruhl tienen todos gran interés, y lo tiene también su reflexión incesante sobre el pensamiento y el lenguaje «primitivos». Su primera obra, *How Natives Think*, que se publicó en 1910, transmite bien su tono característico.

Hay que contar sin lugar a dudas con *La interpretación de las culturas* de Clifford Geertz si se plantea uno el tema «cultura». Es un correctivo básico frente a ideas románticas primitivas sobre la naturaleza humana pura sin cultivar ni adulterar.

Pero hay que leer también a Rousseau, leerle de nuevo pensando en los sordos y en su lenguaje: a mí la obra suya que me parece más rica y depurada es *Discurso sobre el origen de la desigualdad*.

SERES HUMANOS SALVAJES Y AISLADOS

Esos fenómenos humanos raros y terribles, pero de importancia crucial (son cada uno de ellos, según Lord Monboddo, más importantes que el descubrimiento de treinta mil estrellas), nos proporcionan puntos de vista únicos de lo que son los seres humanos cuando se hallan privados de la cultura y el lenguaje normales. No tuvo nada de accidental, por tanto, que el primer libro de Harlan Lane fuese *The Wild Boy of Aveyron*, en el que se aborda ese tema.

La relación que publicó en 1832 Anselm von Feuerbach sobre Kaspar Hauser es uno de los documentos psicológicos más asombrosos del siglo XIX.

No es tampoco simple coincidencia el que Werner Herzog concibiese y dirigiese no sólo una magnífica película sobre Kaspar Hauser, sino también una película sobre los sordos y los ciegos, *Land of Darkness and Silence*.

La reflexión contemporánea más profunda sobre «el asesinato anímico» de Kaspar Hauser se encuentra en un brillante ensayo psicoanalítico de Leonard Shengold en *Halo in the Sky: Observations on Anality and Defense*.

Es muy aconsejable, finalmente, echar un vistazo al estudio minucioso y detallado que hace Susan Curtis de un «niño salvaje» hallado en California en 1970, *Genie: A Psycholinguistic Study of a Modern-Day «Wild Child»*.

Susan Schaller nos ofrece, por último, en *A Man Without Words*, una crónica emocionante y pormenorizada de un Massieu actual, un sordo que llegó a la edad adulta sin ninguna clase de idioma, pero que más tarde aprendió el lenguaje, y de cómo cambió eso su mente y su vida.

ÍNDICE ANALÍTICO

251

254

255

263

ÍNDICE